기적의 수학 문장제

11권

초등 6학년

길벗스쿨

기 적 의 수 학 문 장 제 11 권

초판 1쇄 발행 · 2018년 12월 15일
개정 1쇄 발행 · 2024년 11월 15일

지은이 · 김은영
발행인 · 이종원
발행처 · 길벗스쿨
출판사 등록일 · 2006년 7월 1일
주소 · 서울시 마포구 월드컵로 10길 56 (서교동)
대표 전화 · 02)332-0931 | **팩스** · 02)333-5409
홈페이지 · school.gilbut.co.kr | **이메일** · gilbut@gilbut.co.kr

기획 · 김미숙(winnerms@gilbut.co.kr) | **편집진행** · 이지훈
영업마케팅 · 문세연, 박선경, 박다슬 | **웹마케팅** · 박달님, 이재윤, 이지수, 나혜연
영업관리 · 김명자, 정경화 | **독자지원** · 윤정아
제작 · 이준호, 손일순, 이진혁

디자인 · ㈜더다츠 | **표지 일러스트** · 우나리 | **본문 일러스트** · 유재영, 김태형
전산편집 · 보문미디어 | **CTP출력 및 인쇄** · 교보피앤비 | **제본** · 경문제책

ISBN 979-11-6406-824-1 64410
(길벗스쿨 도서번호 11017)
정가 12,000원

독자의 1초를 아껴주는 정성 길벗출판사

길벗스쿨 | 국어학습서, 수학학습서, 유아학습서, 어학학습서, 어린이교양서, 교과서
길벗 | IT실용서, IT/일반 수험서, IT전문서, 어학단행본, 어학수험서, 경제실용서, 취미실용서, 건강실용서, 자녀교육서
더퀘스트 | 인문교양서, 비즈니스서

고대 이집트인들은 나일 강변에서 농사를 지으며 살았습니다. 나일강 유역은 땅이 비옥하여 농사가 잘 되었거든요. 그러나 잦은 홍수로 나일강이 흘러넘치기 일쑤였고, 홍수 후 농경지의 경계가 없어져 버려 본래 자신의 땅이 어디였는지 구분하기 힘들었어요. 사람들은 저마다 자신의 땅이라고 우기면서 다투었습니다. 그때, 사람들은 생각했어요.
"내 땅의 크기를 정확히 알 수 있다면, 홍수 후에도 같은 크기의 땅에 농사를 지으면 되겠구나."
이때부터 사람들은 땅의 크기를 재고, 넓이를 계산하기 시작했답니다.

"아휴! 수학을 왜 배우는지 모르겠어요. 어렵고 지겨운 수학을 배워 어디에 써요?"
학년이 올라갈수록 많은 학생들이 이렇게 묻습니다.
만일 고대 이집트인들이 들었다면 이런 대답을 했을 거예요.
"이집트 문명의 발전은 수학이 만들어낸 것이다."

우리 생활에서 일어나는 이런저런 일들은 문제가 일어난 상황을 이해하고 판단하여 해결해야 하는 과정이에요. 이 과정에서 반드시 필요한 능력이 수학적으로 생각하는 힘이고요. 즉, 수 계산이 수학의 전부가 아니라 **수학적으로 생각하기**가 진짜 수학이라는 것이죠.
어떤 문제가 생겼을 때 그것을 해결하기 위해 필요한 것이 무엇인지 판단하고, 논리적으로 조합하여 써 내려가는 모든 과정이 수학이랍니다. 그래서 수학은 생활에 꼭 필요하고, 우리가 수학적으로 생각하는 능력을 갖추면 어떤 문제든지 잘 해결할 수 있게 되지요.

기적의 수학 문장제는 여러분이 주어진 문제를 이해하고 판단하여 해결하는 과정을 훈련하는 교재입니다. 이 책으로 차근차근 기초를 다지다 보면 수학과 전혀 관련 없어 보이는 생활 속 문제들도 수학적으로 생각하여 해결할 수 있다는 것을 알게 될 거예요. 그러면 수학이 재미없지도 지겹지도 않고 오히려 퍼즐처럼 재미있게 느껴진답니다.
모쪼록 여러분이 수학과 친해지는 데 기적의 수학 문장제가 마중물이 될 수 있기를 바랍니다.

김은영

수학 문장제 어떻게 공부할까?

지금은 수학 문장제가 필요한 시대

로봇, 인공지능과 같은 기술이 발전하면서 4차 산업혁명 시대가 열렸습니다. 이에 발맞추어 교육도 변화하고 있습니다. 새 교육과정을 살펴보면 성장·과정 중심, 스토리텔링 교육, 코딩 교육, 서술형 평가 확대 등 창의력과 문제해결력을 기르는 방향으로 바뀌고 있습니다. 이제는 지식을 많이 아는 것보다 아는 지식을 새롭게 창조하는 능력이 무엇보다 중요한 때입니다.

논리적으로 사고하여 문제를 해결하는 수학 과목의 특성상 문제를 다양하게 바라보고 해결 방법을 찾는 과정에서 창의력과 문제해결력을 계발할 수 있습니다. 특히 수학 문장제는 실생활과 관련된 수학적 상황을 인지하고, 해결하는 과정을 통해 문제해결력을 키우기에 아주 효과적입니다.

하지만 수학 문장제를 싫어하는 아이들

요즘 아이들은 문자보다 그림과 영상에 익숙합니다. 그러다 보니 읽을 것이 많은 수학 문장제에 겁을 내거나 조금 해보려고 애쓰다 포기해 버리는 경우가 많습니다. 아래는 수학 문장제를 공부할 때 흔히 겪는 여러 가지 어려움들을 나열한 것입니다.

> 문장제만 보면 읽지도 않고 무조건 별표! 혼자서는 풀 생각도 안 해요.

> 우리 아이는 풀이 쓰는 것을 싫어해요. 답만 쓰고 풀이 과정은 말로 설명하려고 해요.

> 문장제만 보면 저를 불러요. 문제가 무슨 말인지 모르겠대요. 문제를 읽어 주면 또 묻죠. "그래서 더해? 빼?" 아이가 문제를 푸는 건지, 제가 푸는 건지 모르겠어요.

> 우리 아이가 쓴 풀이는 알아볼 수가 없어요. 자기도 한참을 찾아야 해요.

> 우리 아이는 긴 문제는 읽지도 않으려고 해요.

> 계산하는 과정 쓰는 것을 싫어해서 암산으로 하다 자꾸 틀려요.

> 저희 아이도 식은 제가 세워 주고, 아이는 계산만 하려고 해요.

> 우리 애는 중간까지는 푸는데 끝까지 못 풀어요. 왜 마무리가 안 되는지 모르겠어요.

> 문제를 읽어도 뭘 구해야 하는지 몰라요.

> 연산기호 안 쓰는 건 기본이고 등호는 여기저기 막 써서 식이 오류투성이에요.

> 알긴 아는데 머릿속의 생각을 어떻게 써야 하는지 모르겠대요.

수학 문장제 학습의 가장 큰 고민은 갖가지 문제점들이 복합적으로 얽혀 있어 어디서부터 손을 대야 할지 막막하다는 것입니다. 하지만 대부분의 문제는 크게 두 가지로 나누어 볼 수 있습니다. 바로 '읽기(문제이해)'가 안 되고, '쓰기(문제해결, 풀이)'가 안 되는 것이죠. 국어도 아니고 수학에서 읽기와 쓰기 때문에 곤경에 처하다니 어찌 된 일일까요? 그것은 수학적 읽기와 쓰기는 국어와 다르기 때문에 생긴 문제입니다.

어려움 1

문제읽기와 문제이해   "왜 책도 많이 읽는데 수학 문장제를 이해하지 못할까?"

수학 독해는 따로 있습니다.

문제를 잘 읽는다고 해서 수학 문장제를 잘 이해할 수 있는 것은 아닙니다.

'빵이 9개씩 8봉지 있을 때 빵의 개수를 구하는 문제'를 읽고 나서 '몇 개씩 몇 묶음'이 곱셈을 뜻하는 수학적 표현이라는 것을 모르면 문제를 해결할 수 없습니다. 또, 문장을 곱셈식으로 바꾸지 못하면 풀이 과정을 쓸 수도 없습니다.

이처럼 수학 문장제는 문제를 읽고, 문제 속에 숨겨진 수학적 표현, 용어, 개념을 찾아 해석하는 능력이 필요합니다. 또 문장을 식으로 나타내거나 반대로 주어진 식을 문장으로 읽는 능력도 필요합니다. 다양한 수학 문장제를 풀어 보면서 수학 독해력을 키워야 합니다.

어려움 2

문제해결과 풀이쓰기   "답은 구했는데 왜 풀이를 못 쓸까?"

쓸 수 있어야 진짜 아는 것입니다.

아이들이 써 놓은 식이나 풀이 과정을 살펴보면 연산기호나 등호 없이 숫자만 나열하여 알아보기 힘들거나, 풀이 과정을 말하듯이 써서 군더더기가 섞여 있는 경우가 많습니다. 숫자를 헷갈리게 써서 틀리는 경우, 두서없이 풀이를 쓰다가 중간에 한 단계를 빠뜨리는 경우, 앞서 계산한 값을 잘못 찾아 쓰는 경우 등 알고도 틀리는 실수들이 자주 일어납니다. 이는 식과 풀이를 논리적으로 쓰는 연습을 하지 않았기 때문입니다.

풀이를 쓰는 것은 머릿속에 있던 문제해결 과정을 꺼내어 눈앞에 펼치는 것입니다. 간단한 문제는 머릿속에서 바로 처리할 수 있지만, 복잡한 문제는 절차에 따라 차근차근 풀어서 써야 합니다. 이때 풀이를 쓰는 연습이 되어 있지 않으면 어디서부터 어디까지, 어떻게 풀이 과정을 써야 하는지 막막할 수밖에 없습니다.

덧셈식과 뺄셈식을 정확하게 쓰는 것은 물론, 수학 용어를 사용하여 간단명료하게 설명하기, 문제해결 전략 세우기에 따라 과정 쓰기 등 절차에 따라 풀이 과정을 논리적으로 쓰는 연습을 해야 합니다.

핵심어독해법으로 문제읽기 능력 강화

수학 문장제, 어떻게 읽어야 할까요? 다음 수학 문장제를 눈으로 읽어 보세요.

> 한 상자에 9개씩 담겨 있는 김치만두 3상자와 한 상자에 6개씩 담겨 있는 왕만두 4상자를 샀습니다. 산 만두는 모두 몇 개일까요?

똑같은 문제를 줄을 나누어 썼습니다. 다시 한번 소리 내어 읽어 보세요.

> 한 상자에 9개씩 담겨 있는 김치만두 3상자와
> 한 상자에 6개씩 담겨 있는 왕만두 4상자를 샀습니다.
> 산 만두는 모두 몇 개일까요?

⇨ 눈으로 읽는 것보다 줄을 나누어 소리 내어 읽는 것이 문제를 이해하기 쉽습니다.

똑같은 문제를 핵심어에 표시하며 다시 읽어 보세요.

> 한 상자에 ⑨개씩 담겨 있는 김치만두 ③상자와
> 한 상자에 ⑥개씩 담겨 있는 왕만두 ④상자를 샀습니다.
> 산 만두는 모두 몇 개일까요?

⇨ 중요한 부분에 표시하며 읽는 것이 문제를 이해하기 쉽습니다.

위 문제의 핵심어만 정리해 보세요.

> 김치만두 : 9개씩 3상자, 왕만두 : 6개씩 4상자
> 만두는 모두 몇 개?

⇨ 복잡한 정보들을 정리하면 문제가 한눈에 보입니다.

위와 같이 정보와 조건이 있는 수학 문제를 읽을 때에는
문장의 핵심어에 표시하고, 조건을 간단히 정리하면서 읽는 것이 좋습니다.

핵심어독해법

❶ 핵심어에 표시하며 문제를 읽습니다.
　핵심어란? 구하는 것, 주어진 것이에요.

❷ 수학 독해를 합니다.
　▫ 핵심어(조건)를 간단히 정리하기
　▫ 핵심어(수학 용어)의 뜻, 특징 등 써 보기
　▫ 핵심어와 관련된 개념 떠올리기

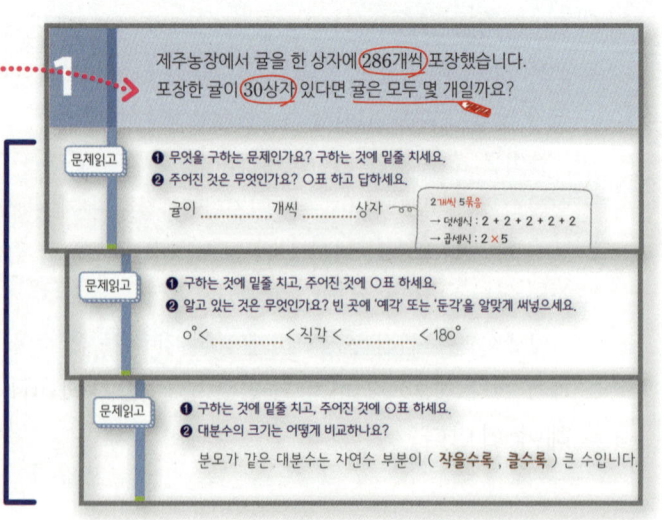

절차학습법으로 문제해결 능력 강화

수학 문장제, 어떤 절차에 따라 풀어야 할까요? 수학 문장제를 푸는 방법은 길을 찾는 과정과 같습니다.

길을 찾는 과정

1 우선 어디로 가려고 하는지 **목적지**를 알아야 합니다.
제주도로 가야 하는데 서울을 향해 출발하면 안 되겠죠?

2 출발하기 전 준비물, 주의사항 등을 살펴보며 **출발 준비**를 합니다.
동생과 함께 가야 하는데 혼자 출발하거나, 제주도까지 배를 타고
가야 하는데 비행기 표를 사면 안 되니까요.

3 목적지까지 가는 길(순서, 노선)을 확인하고, **목적지까지 갑니다.**
혹시라도 중간에 길을 잃어버리거나 길이 막혀 있다고 해서 멈추
면 안 돼요.

4 마지막으로 목적지에 맞게 왔는지 다시 한번 **확인**합니다.

수학 문장제 해결 과정

 1단계 문제에서 **구하는 것**이 무엇인지 알아봅니다.

 2단계 문제에서 **주어진 것(조건)**이 무엇인지 알아봅니다.

 3단계 문제해결 **방법을 생각**한 다음 순서에 따라 **문제를 풉니다.**

 4단계 답이 맞는지 **검토**합니다.

위와 같이 4단계 문제해결 과정에 따라 수학 문장제를 푸는 훈련을 하면
문제해결력과 풀이쓰는 방법을 효과적으로 익힐 수 있습니다.

절차학습법

▶4단계 문제해결 과정

❶ 구하는 것을 아는 단계 ⋯⋯⋯
❷ 주어진 것을 아는 단계 ⋯⋯⋯

❸ 문제를 해결하는 단계 ⋯⋯⋯
 절차에 따라 문제를 해결하면서
 식을 정확하게 쓰는 훈련을 합니다.

❹ 답을 검토하는 단계 ⋯⋯⋯

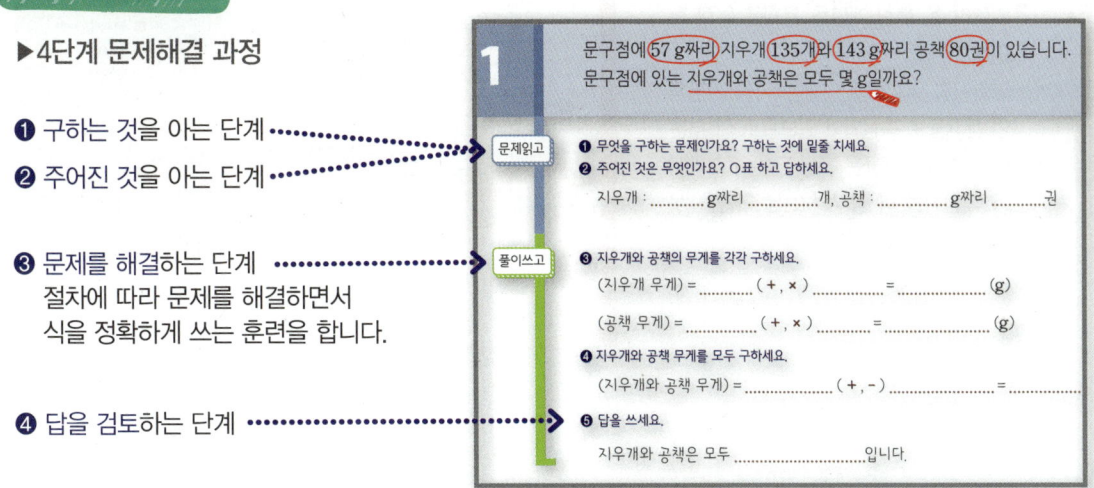

이 책의 활용

학습계획을 세우고, 자기평가를 기록해요.

한 단원 학습에 들어가기 전 공부할 내용을 미리 확인하면서 공부계획을 세워 보세요.

매일 1일 학습, 일주일 3일 학습 등 나의 상황에 맞게, 공부할 양을 스스로 정하고 날짜를 기록합니다.

계획대로 잘 공부했는지 스스로 평가하는 것도 잊지 마세요.

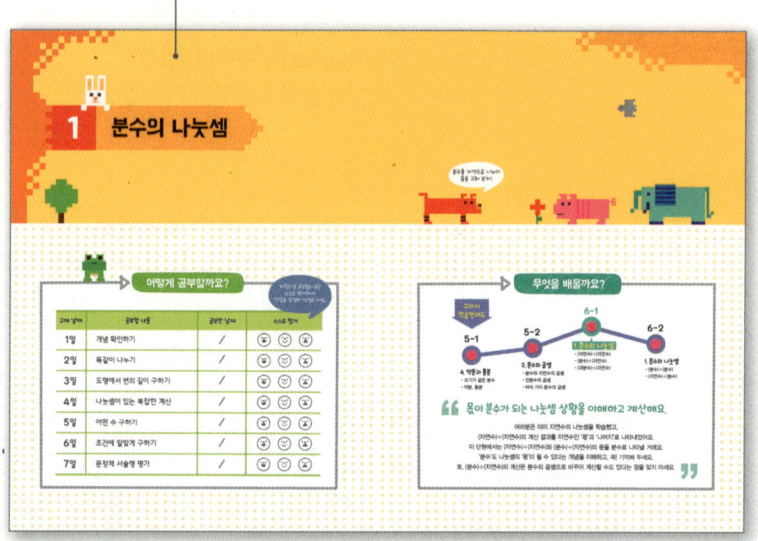

준비학습

기본 개념을 알고 있는지 확인해요.

이 단원의 문장제를 풀기 위해 꼭 알고 있어야 할 핵심 개념을 문제를 통해 확인해 보세요.

교과서와 익힘책에 나오는 가장 기본적인 문제들로 구성되어 있으므로 이 부분이 부족한 학생들은 해당 단원의 교과서와 익힘책을 더 공부하고 본 학습을 시작하는 것이 좋습니다.

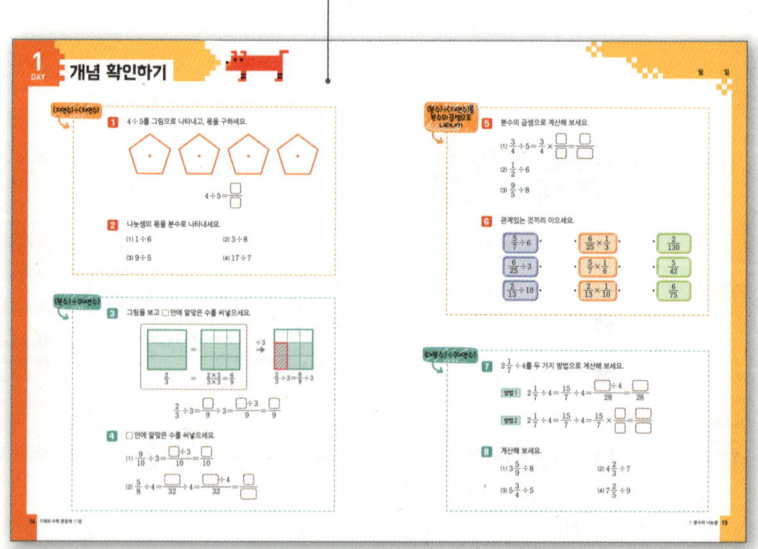

유형훈련

대표 유형을 집중 훈련해요.

같이 풀어요.

문제마다 핵심어에 밑줄을 긋고, 동그라미를 하면서 핵심어독해법을 자연스럽게 익혀 보세요.
또, 풀이에 제시된 순서대로 답을 하면서 절차학습법을 훈련해요.

혼자 풀어요.

앞에서 배운 동일 유형, 동일 난이도의 문제를 스스로 풀어 보세요. 주어진 과정에 따라 풀이를 쓰면서 문제 풀이 뿐 아니라 서술형 답안 작성에 대한 훈련도 동시에 해요.

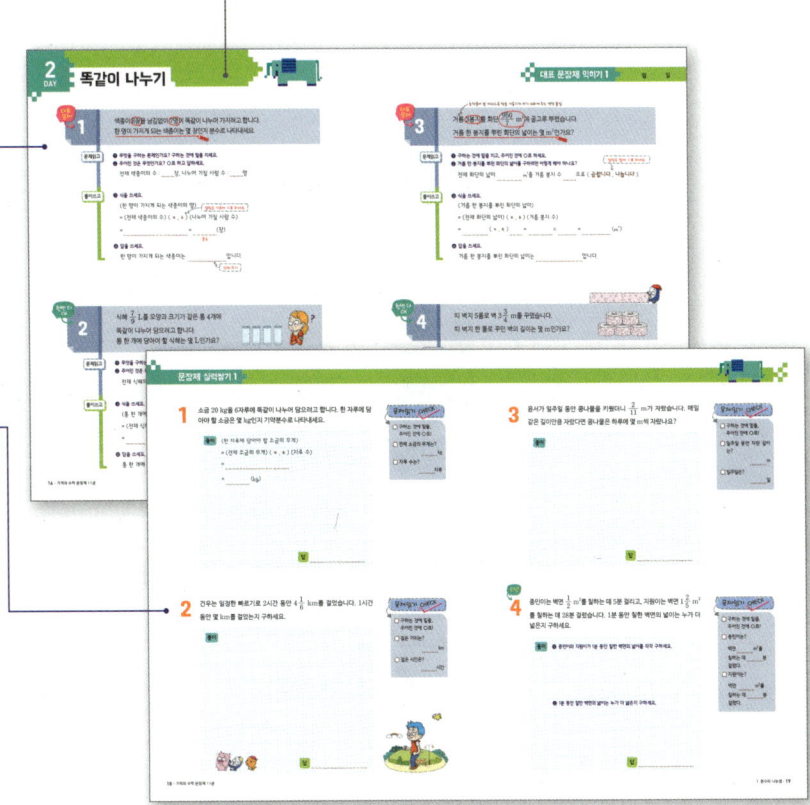

평가

잘 공부했는지 확인해요.

이 단원을 잘 공부했는지 성취도를 평가하며 마무리하는 단계예요.
학교에서 시험을 보는 것처럼 풀이 과정을 정확하게 쓰는 연습을 하면 좋습니다. 정답과 풀이에 있는 [채점 기준]과 비교하여 빠진 부분은 없는지 꼼꼼히 확인해 보세요.

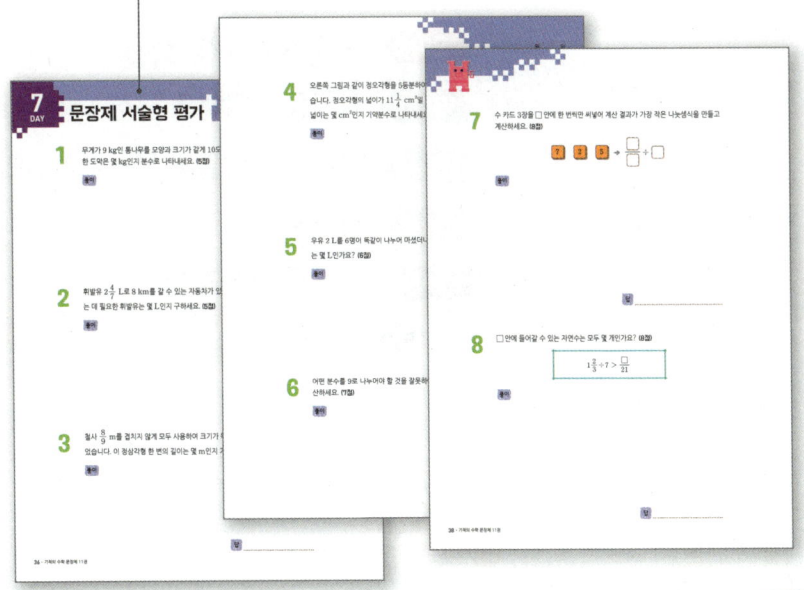

차례

1 분수의 나눗셈

어떻게 공부할까요?

계획대로 공부했나요?
스스로 평가하여
알맞은 표정에 색칠하세요.

교재 날짜	공부할 내용	공부한 날짜	스스로 평가		
1일	개념 확인하기	/	☺	☺	☹
2일	똑같이 나누기	/	☺	☺	☹
3일	도형에서 변의 길이 구하기	/	☺	☺	☹
4일	나눗셈이 있는 복잡한 계산	/	☺	☺	☹
5일	어떤 수 구하기	/	☺	☺	☹
6일	조건에 알맞게 구하기	/	☺	☺	☹
7일	문장제 서술형 평가	/	☺	☺	☹

분수를 자연수로 나누어
몫을 구해 보자!

무엇을 배울까요?

교과서
학습연계도

5-1

4. 약분과 통분
- 크기가 같은 분수
- 약분, 통분

5-2

2. 분수의 곱셈
- 분수와 자연수의 곱셈
- 진분수의 곱셈
- 여러 가지 분수의 곱셈

6-1

1. 분수의 나눗셈
- (자연수)÷(자연수)
- (분수)÷(자연수)
- (대분수)÷(자연수)

6-2

1. 분수의 나눗셈
- (분수)÷(분수)
- (자연수)÷(분수)

" 몫이 분수가 되는 나눗셈 상황을 이해하고 계산해요.

여러분은 이미 자연수의 나눗셈을 학습했고,
(자연수)÷(자연수)의 계산 결과를 자연수인 '몫'과 '나머지'로 나타내었어요.
이 단원에서는 (자연수)÷(자연수)와 (분수)÷(자연수)의 몫을 분수로 나타낼 거예요.
'분수'도 나눗셈의 '몫'이 될 수 있다는 개념을 이해하고, 꼭! 기억해 두세요.
또, (분수)÷(자연수)의 계산은 분수의 곱셈으로 바꾸어 계산할 수도 있다는 점을 잊지 마세요. "

(자연수)÷(자연수)

1 4÷5를 그림으로 나타내고, 몫을 구하세요.

$$4 \div 5 = \frac{\square}{\square}$$

2 나눗셈의 몫을 분수로 나타내세요.

(1) $1 \div 6$

(2) $3 \div 8$

(3) $9 \div 5$

(4) $17 \div 7$

(분수)÷(자연수)

3 그림을 보고 □ 안에 알맞은 수를 써넣으세요.

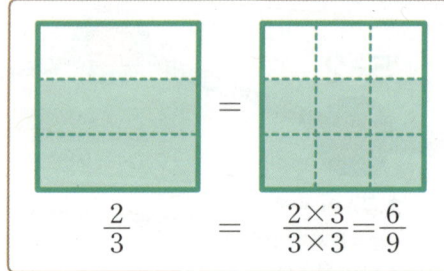 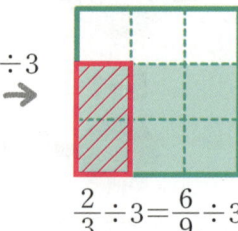

$$\frac{2}{3} \div 3 = \frac{\square}{9} \div 3 = \frac{\square \div 3}{9} = \frac{\square}{9}$$

4 □ 안에 알맞은 수를 써넣으세요.

(1) $\dfrac{9}{10} \div 3 = \dfrac{\square \div 3}{10} = \dfrac{\square}{10}$

(2) $\dfrac{5}{8} \div 4 = \dfrac{\square}{32} \div 4 = \dfrac{\square \div 4}{32} = \dfrac{\square}{\square}$

5 분수의 곱셈으로 계산해 보세요.

(1) $\dfrac{3}{4} \div 5 = \dfrac{3}{4} \times \dfrac{\boxed{}}{\boxed{}} = \dfrac{\boxed{}}{\boxed{}}$

(2) $\dfrac{1}{2} \div 6$

(3) $\dfrac{9}{5} \div 8$

6 관계있는 것끼리 이으세요.

$\dfrac{5}{7} \div 6$ •   • $\dfrac{6}{25} \times \dfrac{1}{3}$ •   • $\dfrac{2}{130}$

$\dfrac{6}{25} \div 3$ •   • $\dfrac{5}{7} \times \dfrac{1}{6}$ •   • $\dfrac{5}{42}$

$\dfrac{2}{13} \div 10$ •   • $\dfrac{2}{13} \times \dfrac{1}{10}$ •   • $\dfrac{6}{75}$

(대분수)÷(자연수)

7 $2\dfrac{1}{7} \div 4$를 두 가지 방법으로 계산해 보세요.

방법1 $2\dfrac{1}{7} \div 4 = \dfrac{15}{7} \div 4 = \dfrac{\boxed{} \div 4}{28} = \dfrac{\boxed{}}{28}$

방법2 $2\dfrac{1}{7} \div 4 = \dfrac{15}{7} \div 4 = \dfrac{15}{7} \times \dfrac{\boxed{}}{\boxed{}} = \dfrac{\boxed{}}{\boxed{}}$

8 계산해 보세요.

(1) $3\dfrac{5}{9} \div 8$ (2) $4\dfrac{2}{3} \div 7$

(3) $5\dfrac{3}{4} \div 5$ (4) $7\dfrac{2}{5} \div 9$

똑같이 나누기

1

색종이 8장을 남김없이 7명이 똑같이 나누어 가지려고 합니다.
한 명이 가지게 되는 색종이는 몇 장인지 분수로 나타내세요.

문제읽고

❶ 무엇을 구하는 문제인가요? 구하는 것에 밑줄 치세요.
❷ 주어진 것은 무엇인가요? ○표 하고 답하세요.

전체 색종이의 수 : ....장, 나누어 가질 사람 수 : ....명

풀이쓰고

❸ 식을 쓰세요.

(한 명이 가지게 되는 색종이의 양)

알맞은 기호에 ○표 하세요.

= (전체 색종이의 수) (× , ÷) (나누어 가질 사람 수)

= .... = ... (장)

분수

❹ 답을 쓰세요.

한 명이 가지게 되는 색종이는 .... 입니다.

단위 쓰기

2

식혜 $\frac{7}{9}$ L를 모양과 크기가 같은 통 4개에
똑같이 나누어 담으려고 합니다.
통 한 개에 담아야 할 식혜는 몇 L인가요?

문제읽고

❶ 무엇을 구하는 문제인가요? 구하는 것에 밑줄 치세요.
❷ 주어진 것은 무엇인가요? ○표 하고 답하세요.

전체 식혜의 양 : .... L, 통의 수 : .... 개

풀이쓰고

❸ 식을 쓰세요.

(통 한 개에 담아야 할 식혜의 양)

(분수)÷(자연수)를
분수의 곱셈으로 나타내기

= (전체 식혜의 양) (× , ÷) (통의 수)

= .... (× , ÷) .... = ... × .... = ... (L)

❹ 답을 쓰세요.

통 한 개에 담아야 할 식혜는 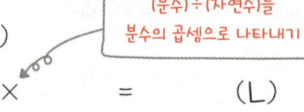 입니다.

대표문제 3

농작물이 잘 자라도록 땅을 기름지게 하기 위하여 주는 영양 물질.

거름 ③봉지를 화단 $\dfrac{950}{7}$ m²에 골고루 뿌렸습니다.

거름 한 봉지를 뿌린 화단의 넓이는 몇 m²인가요?

문제읽고

❶ 구하는 것에 밑줄 치고, 주어진 것에 ○표 하세요.

❷ 거름 한 봉지를 뿌린 화단의 넓이를 구하려면 어떻게 해야 하나요?

알맞은 말에 ○표 하세요.

전체 화단의 넓이 _____ m²를 거름 봉지 수 _____ 으로 (**곱합니다** , **나눕니다**).

풀이쓰고

❸ 식을 쓰세요.

(거름 한 봉지를 뿌린 화단의 넓이)

= (전체 화단의 넓이) (**×** , **÷**) (거름 봉지 수)

= _____ (**×** , **÷**) _____ = _____ × _____ = _____ (m²)

❹ 답을 쓰세요.

거름 한 봉지를 뿌린 화단의 넓이는 _____ 입니다.

한번더 OK 4

띠 벽지 5롤로 벽 $3\dfrac{3}{4}$ m를 꾸몄습니다.

띠 벽지 한 롤로 꾸민 벽의 길이는 몇 m인가요?

문제읽고

❶ 구하는 것에 밑줄 치고, 주어진 것에 ○표 하세요.

❷ 띠 벽지 한 롤로 꾸민 벽의 길이를 구하려면 어떻게 해야 하나요?

전체 벽의 길이 _____ m를 띠 벽지 롤 수 _____ 로 (**곱합니다** , **나눕니다**).

풀이쓰고

❸ 식을 쓰세요.

(띠 벽지 한 롤로 꾸민 벽의 길이)

= (전체 벽의 길이) (**×** , **÷**) (띠 벽지 롤 수)

= _____ (**×** , **÷**) _____ = _____ × _____ = _____ (m)

가분수

❹ 답을 쓰세요.

띠 벽지 한 롤로 꾸민 벽의 길이는 _____ 입니다.

1 소금 20 kg을 6자루에 똑같이 나누어 담으려고 합니다. 한 자루에 담아야 할 소금은 몇 kg인지 기약분수로 나타내세요.

풀이　(한 자루에 담아야 할 소금의 무게)

= (전체 소금의 무게) (× , ÷) (자루 수)

= ....

= .... (kg)

답 ....

2 건우는 일정한 빠르기로 2시간 동안 $4\frac{1}{6}$ km를 걸었습니다. 1시간 동안 몇 km를 걸었는지 구하세요.

풀이

답 ....

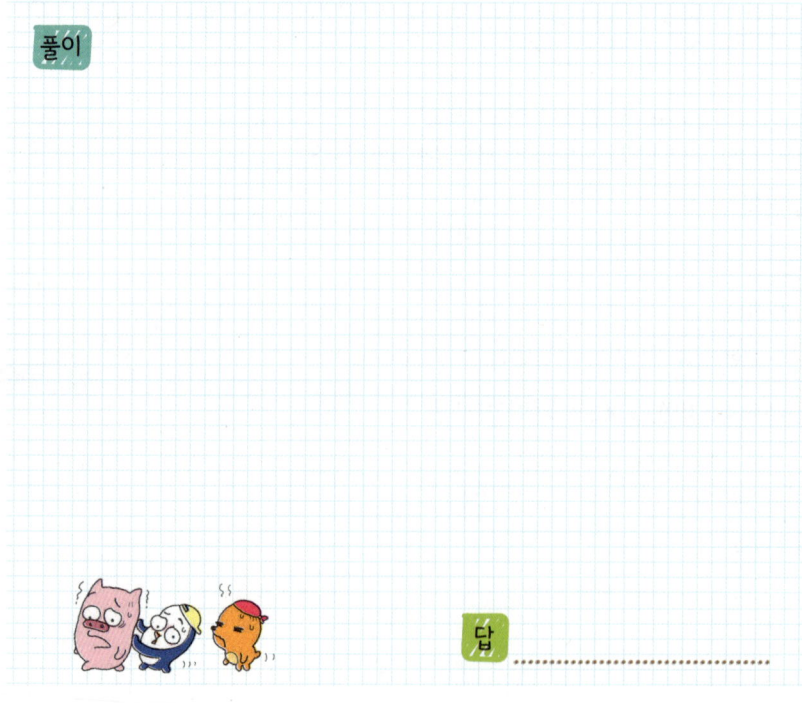

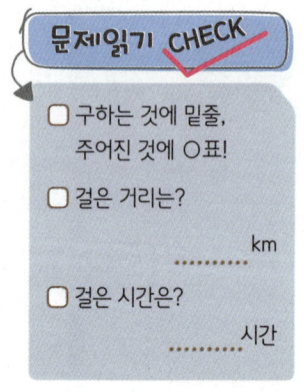

3 윤서가 일주일 동안 콩나물을 키웠더니 $\frac{2}{11}$ m가 자랐습니다. 매일 같은 길이만큼 자랐다면 콩나물은 하루에 몇 m씩 자랐나요?

문제읽기 CHECK

☐ 구하는 것에 밑줄,
  주어진 것에 ○표!

☐ 일주일 동안 자란 길이
  는?
                    m

☐ 일주일은?
                    일

풀이

답 ....

도전!
4 종민이는 벽면 $\frac{1}{2}$ m²를 칠하는 데 5분 걸리고, 지원이는 벽면 $1\frac{2}{5}$ m² 를 칠하는 데 28분 걸렸습니다. 1분 동안 칠한 벽면의 넓이는 누가 더 넓은지 구하세요.

문제읽기 CHECK

☐ 구하는 것에 밑줄,
  주어진 것에 ○표!

☐ 종민이는?

  벽면 .... m²를
  칠하는 데 ....분
  걸렸다.

☐ 지원이는?

  벽면 .... m²를
  칠하는 데 ....분
  걸렸다.

풀이 ❶ 종민이와 지원이가 1분 동안 칠한 벽면의 넓이를 각각 구하세요.

❷ 1분 동안 칠한 벽면의 넓이는 누가 더 넓은지 구하세요.

답 ....

도형에서 변의 길이 구하기

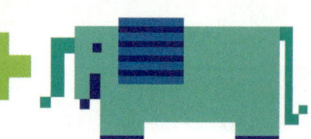

철사 $\dfrac{19}{5}$ m를 겹치지 않게 모두 사용하여 정삼각형 모양을 만들었습니다.
이 정삼각형 한 변의 길이는 몇 m인가요?

문제읽고

❶ 구하는 것에 밑줄 치고, 주어진 것에 ○표 하세요.

❷ 정삼각형 한 변의 길이를 구하려면 어떻게 해야 하나요?

철사의 길이 .... m를 정삼각형 변의 수 .... 으로 (**곱합니다** , **나눕니다**).

풀이쓰고

❸ 식을 쓰세요.

(한 변의 길이) = (철사의 길이) (× , ÷) (정삼각형 변의 수)

= .... (× , ÷) ....

= .... × .... = ... (m)

❹ 답을 쓰세요.

정삼각형 한 변의 길이는 .... 입니다.

끈 $5\dfrac{1}{6}$ m를 겹치지 않게 모두 사용하여 정사각형 모양을 만들려고 합니다.
정사각형 한 변의 길이를 몇 m로 해야 하나요?

문제읽고

❶ 구하는 것에 밑줄 치고, 주어진 것에 ○표 하세요.

❷ 정사각형 한 변의 길이를 구하려면 어떻게 해야 하나요?

끈의 길이 .... m를 정사각형 변의 수 .... 로 (**곱합니다** , **나눕니다**).

풀이쓰고

❸ 식을 쓰세요.

(한 변의 길이) = (끈의 길이) (× , ÷) (정사각형 변의 수)

= .... (× , ÷) ....

= .... × .... = ... (m)
　　　　가분수

❹ 답을 쓰세요.

정사각형 한 변의 길이를 .... 로 해야 합니다.

3

세로가 2 cm이고 넓이가 11 cm²인
직사각형이 있습니다.
이 직사각형의 가로는 몇 cm인지 분수로 나타내세요.

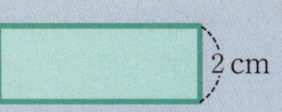

2 cm

문제읽고

❶ 구하는 것에 밑줄 치고, 주어진 것에 ○표 하세요.

❷ 식을 바꾸어 나타내세요.

(직사각형의 넓이) = (가로) × (세로)

➡ (가로) = (직사각형의 넓이) ÷ (...............)

풀이쓰고

❸ 직사각형의 가로를 구하세요.

(가로) = 11 (× , ÷) 2 = ... (cm)

❹ 답을 쓰세요.

직사각형의 가로는 .... 입니다.

4

밑변의 길이가 6 cm이고 넓이가 $10\frac{3}{7}$ cm²인
삼각형이 있습니다.
이 삼각형의 높이는 몇 cm인지 기약분수로 나타내세요.

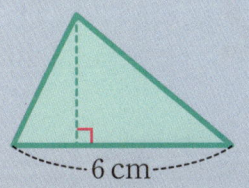

6 cm

문제읽고

❶ 구하는 것에 밑줄 치고, 주어진 것에 ○표 하세요.

❷ 식을 바꾸어 나타내세요.

(삼각형의 넓이) = (밑변의 길이) × (높이) ÷ 2

➡ (높이) = (삼각형의 넓이) × .... ÷ (............... 의 길이)

풀이쓰고

❸ 삼각형의 높이를 구하세요.

(높이) = $10\frac{3}{7}$ (× , ÷) 2 (× , ÷) 6

= .... × .... × .... = ... (cm)
　　　가분수

❹ 답을 쓰세요.

삼각형의 높이는 .... 입니다.

1 둘레가 $4\frac{4}{9}$ m인 정오각형 모양의 울타리가 있습니다. 이 울타리 한 변의 길이는 몇 m인가요?

풀이   (울타리 한 변의 길이)

    = (울타리의 둘레) (× , ÷) (정오각형 변의 수)

    = ...

    =   ×   =   (m)
      가분수

답 ....

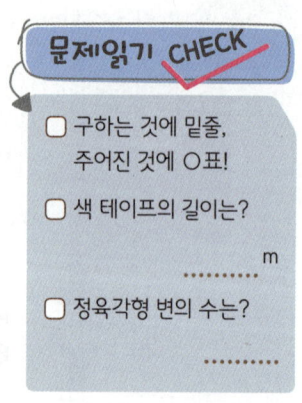

문제읽기 CHECK

☐ 구하는 것에 밑줄,
   주어진 것에 ○표!

☐ 울타리의 둘레는?
              m

☐ 정오각형 변의 수는?

---

2 색 테이프 $\frac{5}{11}$ m를 겹치지 않게 모두 사용하여 정육각형 모양을 만들었습니다. 이 정육각형 한 변의 길이는 몇 m인가요?

풀이

답 ....

문제읽기 CHECK

☐ 구하는 것에 밑줄,
   주어진 것에 ○표!

☐ 색 테이프의 길이는?
              m

☐ 정육각형 변의 수는?

3 밑변의 길이가 3 cm이고 넓이가 $7\frac{3}{4}$ cm² 인 평행사변형이 있습니다. 이 평행사변형의 높이는 몇 cm인가요?

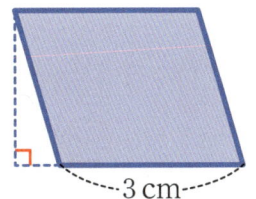

-3 cm-

문제읽기 CHECK ✓

☐ 구하는 것에 밑줄, 주어진 것에 ○표!

☐ 평행사변형의 넓이는?
.... cm²

☐ 밑변의 길이는?
.... cm

풀이

답 ....

도전!

4 오른쪽 정사각형과 넓이가 같은 삼각형이 있습니다. 이 삼각형의 높이가 9 m일 때 밑변의 길이는 몇 m인지 분수로 나타내세요.

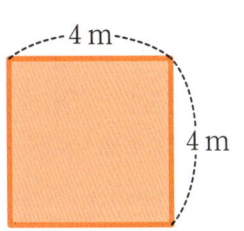

-4 m-

4 m

문제읽기 CHECK ✓

☐ 구하는 것에 밑줄, 주어진 것에 ○표!

☐ 정사각형 한 변의 길이는?
.... m

☐ 삼각형의 높이는?
.... m

풀이 ❶ 정사각형의 넓이를 구하세요.

❷ 삼각형 밑변의 길이를 분수로 나타내세요.

답 ....

나눗셈이 있는 복잡한 계산

 대표문제

1

한 병에 $\frac{8}{3}$ L씩 들어 있는 우유가 3병 있습니다.
이 우유를 남김없이 5명이 똑같이 나누어 마셨습니다.
한 명이 마신 우유는 몇 L인지 분수로 나타내세요.

문제읽고

❶ 구하는 것에 밑줄 치고, 주어진 것에 ○표 하세요.

풀이쓰고

❷ 전체 우유의 양을 구하세요.

　(전체 우유의 양) = (한 병에 들어 있는 우유의 양) (× , ÷) (병의 수)

　　　　　　　　　= ⋯⋯⋯⋯⋯⋯⋯⋯⋯ = ⋯⋯⋯ (L)

❸ 한 명이 마신 우유의 양을 구하세요.

　(한 명이 마신 우유의 양) = (전체 우유의 양) (× , ÷) (사람 수)

　　　　　　　　　= ⋯⋯⋯⋯⋯⋯⋯⋯⋯ = ⋯⋯⋯ (L)

❹ 답을 쓰세요.　한 명이 마신 우유는 ⋯⋯⋯⋯⋯⋯⋯ 입니다.

한번 더 OK

2

끈 $1\frac{1}{9}$ m를 겹치지 않게 모두 사용하여
크기가 똑같은 정사각형 모양을 3개 만들었습니다.
이 정사각형 한 변의 길이는 몇 m인가요?

문제읽고

❶ 구하는 것에 밑줄 치고, 주어진 것에 ○표 하세요.

풀이쓰고

❷ 정사각형 모양 1개를 만드는 데 사용한 끈의 길이를 구하세요.

　(정사각형 모양 1개를 만드는 데 사용한 끈의 길이)

　= (전체 끈의 길이) (× , ÷) (정사각형 수)

　= ⋯⋯⋯ (× , ÷) ⋯⋯⋯ = ⋯⋯⋯ × ⋯⋯⋯ = ⋯⋯⋯ (m)
　　　　　　　　　　　　　　　가분수

❸ 정사각형 한 변의 길이를 구하세요.

　(정사각형 한 변의 길이)

　= (정사각형 모양 1개를 만드는 데 사용한 끈의 길이) (× , ÷) (정사각형 변의 수)

　= ⋯⋯⋯ (× , ÷) ⋯⋯⋯ = ⋯⋯⋯ × ⋯⋯⋯ = ⋯⋯⋯ (m)

❹ 답을 쓰세요.　정사각형 한 변의 길이는 ⋯⋯⋯⋯⋯⋯⋯ 입니다.

대표문제

3

파란색 페인트 $\dfrac{3}{8}$ L와 노란색 페인트 $\dfrac{1}{4}$ L를 섞어서 만든 초록색 페인트를 2통에 똑같이 나누어 담았습니다. 한 통에 담은 페인트는 몇 L인가요?

문제읽고

❶ 구하는 것에 밑줄 치고, 주어진 것에 ○표 하세요.

풀이쓰고

❷ 두 가지 색 페인트를 섞어서 만든 초록색 페인트의 양을 구하세요.

(만든 초록색 페인트의 양) = (파란색 페인트의 양) (+ , −) (노란색 페인트의 양)

= .... = ... (L)

❸ 한 통에 담은 페인트의 양을 구하세요.

(한 통에 담은 페인트의 양)

= (만든 초록색 페인트의 양) (× , ÷) (통의 수)

= .... (× , ÷) .... = ... × .... = ... (L)

❹ 답을 쓰세요.   한 통에 담은 페인트는 .... 입니다.

한번더 OK

4

무게가 똑같은 배 11개가 담겨 있는 바구니의 전체 무게가 $8\dfrac{4}{7}$ kg입니다. 빈 바구니의 무게가 $1\dfrac{2}{7}$ kg이라면 배 한 개의 무게는 몇 kg인가요?

문제읽고

❶ 구하는 것에 밑줄 치고, 주어진 것에 ○표 하세요.

풀이쓰고

❷ 배 11개의 무게를 구하세요.

(배 11개의 무게)

= (배 11개가 담겨 있는 바구니의 전체 무게) (+ , −) (빈 바구니의 무게)

= .... = ... (kg)

❸ 배 한 개의 무게를 구하세요.

(배 한 개의 무게) = ... (× , ÷) .... = ... × .... = ... (kg)

가분수

❹ 답을 쓰세요.

배 한 개의 무게는 .... 입니다.

1 오른쪽 그림과 같이 꽃밭을 똑같이 나누고 색칠된 부분에 채송화 씨를 뿌렸습니다. 전체 꽃밭의 넓이가 $10\frac{1}{6}$ m²일 때 채송화 씨를 뿌린 꽃밭의 넓이는 몇 m²인가요?

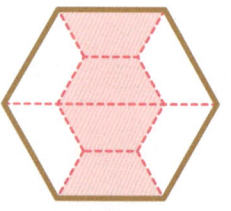

 **문제읽기 CHECK** ✓

- ☐ 구하는 것에 밑줄, 주어진 것에 ○표!
- ☐ 전체 꽃밭의 넓이는?
  .... m²
- ☐ 꽃밭을 똑같이 나눈 부분의 수는?
  ....
- ☐ 채송화 씨를 뿌린 부분의 수는?
  ....

풀이

❶ 꽃밭을 나눈 한 부분의 넓이를 구하세요.

(전체 꽃밭의 넓이) (× , ÷) (나눈 부분의 수)

$$= \quad\rule{2cm}{0.4pt}\quad = \quad\rule{1cm}{0.4pt} \times \rule{1.5cm}{0.4pt}$$
가분수

$$= \quad\rule{1.5cm}{0.4pt} \ (\text{m}^2)$$

❷ 채송화 씨를 뿌린 꽃밭의 넓이를 구하세요.

(한 부분의 넓이) (× , ÷) (채송화 씨를 뿌린 부분의 수)

$$= \quad\rule{3cm}{0.4pt} = \quad\rule{1.5cm}{0.4pt} \ (\text{m}^2)$$

답 ....

---

2 쌀 $6\frac{1}{4}$ kg을 5통에 똑같이 나누어 담고, 한 통에 들어 있는 쌀을 일주일 동안 똑같이 나누어 먹으려고 합니다. 하루에 먹어야 할 쌀은 몇 kg인지 기약분수로 나타내세요.

문제읽기 CHECK ✓

- ☐ 구하는 것에 밑줄, 주어진 것에 ○표!
- ☐ 전체 쌀의 무게는?
  .... kg
- ☐ 똑같이 나누어 담을 통의 수는?
  .... 통
- ☐ 나누어 먹을 날수는?
  (일주일) = ... 일

풀이

❶ 한 통에 들어 있는 쌀의 무게를 구하세요.

❷ 하루에 먹어야 할 쌀의 무게를 구하세요.

답 ....

3 우진이는 집에서 $4\frac{3}{5}$ km 떨어진 우체국에 가기 위해 일정한 빠르기로 15분 동안 뛰다가 나머지 $\frac{3}{5}$ km는 걸었습니다. 우진이가 1분 동안 뛴 거리는 몇 km인지 분수로 나타내세요.

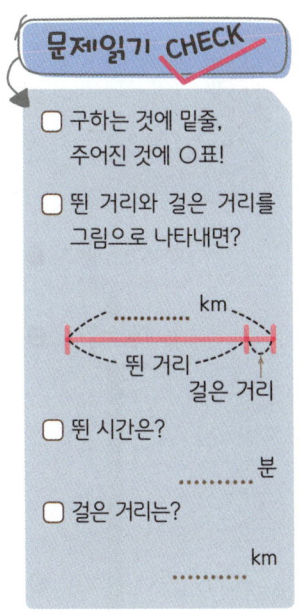

문제읽기 CHECK ✓

☐ 구하는 것에 밑줄, 주어진 것에 ○표!

☐ 뛴 거리와 걸은 거리를 그림으로 나타내면?

km

뛴 거리

걸은 거리

☐ 뛴 시간은?
.... 분

☐ 걸은 거리는?
km
....

풀이 ❶ 뛴 거리를 구하세요.

❷ 1분 동안 뛴 거리를 구하세요.

답 ....

4 수박주스 $1\frac{4}{9}$ L를 7컵에 똑같이 나누어 담아 4컵을 팔았습니다. 팔고 남은 수박주스는 몇 L인가요?

문제읽기 CHECK ✓

☐ 구하는 것에 밑줄, 주어진 것에 ○표!

☐ 전체 수박주스의 양은?
.... L

☐ 똑같이 나누어 담은 컵의 수는?
.... 컵

☐ 판 컵의 수는?
.... 컵

풀이 ❶ 판 수박주스의 양을 구하세요.

❷ 팔고 남은 수박주스의 양을 구하세요.

답 ....

어떤 수 구하기

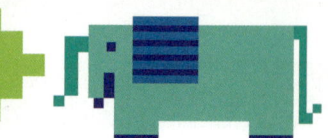

대표
문제

1

어떤 분수에 20을 곱했더니 12가 되었습니다.
어떤 분수는 얼마인지 구하세요.

문제읽고

❶ 구하는 것에 밑줄 치고, 주어진 것에 ○표 하세요.

풀이쓰고

❷ 어떤 분수를 □라고 하여 식을 만들고, □를 구하세요.

어떤 분수에 20을 곱했더니 12가 되었습니다.

➡ 식   □×............ = ...

➡ 계산   □ =   =
          ....

❸ 답을 쓰세요.

어떤 분수는 .... 입니다.

한번 더
OK

2

어떤 자연수를 8로 나누어야 할 것을 잘못하여 곱했더니 56이 되었습니다.
바르게 계산하면 얼마인지 분수로 나타내세요.

문제읽고

❶ 구하는 것에 밑줄 치고, 주어진 것에 ○표 하세요.

풀이쓰고

❷ 어떤 자연수를 □라고 하여 잘못 계산한 식을 만들고, □를 구하세요.

어떤 자연수에 ......을 곱했더니 ....이 되었습니다.

➡ 식   □×...... = ...

➡ 계산   □ = ... = ...

❸ 바르게 계산하세요.

어떤 자연수를 8로 (**곱합니다** , **나눕니다**).

➡ 계산   .... = ...

❹ 답을 쓰세요.

바르게 계산하면 .... 입니다.

대표문제 3

어떤 분수를 2로 나누어야 할 것을 잘못하여 곱했더니 $3\frac{1}{5}$이 되었습니다. 바르게 계산하세요.

문제읽고

❶ 구하는 것에 밑줄 치고, 주어진 것에 ○표 하세요.

풀이쓰고

❷ 어떤 분수를 □라고 하여 잘못 계산한 식을 만들고, □를 구하세요.

어떤 분수에 ....를 곱했더니 ....이 되었습니다.

→ 식   □× .... = ...

→ 계산   □ = ... = ...

❸ 바르게 계산하세요.

어떤 분수를 2로 (**곱합니다** , **나눕니다**).

→ 계산   .... = ...

❹ 답을 쓰세요.   바르게 계산하면 .... 입니다.

한단계UP 4

수조에 있는 물을 통 5개에 똑같이 나누어 담아야 하는데 잘못하여 수조에 물 5 L를 더 부었더니 물이 모두 $8\frac{4}{7}$ L가 되었습니다. 처음 수조에 있던 물을 바르게 통에 나누어 담을 때 통 한 개에 담는 물은 몇 L인가요?

문제읽고

❶ 구하는 것에 밑줄 치고, 주어진 것에 ○표 하세요.

풀이쓰고

❷ 처음 수조에 있던 물의 양을 □ L라고 하여 식을 만들고, □를 구하세요.

→ 식   □+ .... = ...

→ 계산   □ = ... = ...

따라서 처음 수조에 있던 물은 .... L입니다.

❸ 처음 수조에 있던 물을 바르게 통에 나누어 담을 때 통 한 개에 담는 물의 양을 구하세요.

처음 수조에 있던 물의 양을 통의 수 ....로 (**곱합니다** , **나눕니다**).

→ .... = ... （L）

❹ 답을 쓰세요.   바르게 담을 때 통 한 개에 담는 물은 .... 입니다.

1 어떤 분수에 9를 곱했더니 $9\frac{1}{3}$이 되었습니다. 어떤 분수는 얼마인지 구하세요.

풀이 어떤 분수를 ☐라고 하면 ☐ (× , ÷) .... = ... 입니다.

☐를 구하면

☐ = ...

= .... × .... = ...
가분수

답 ....

문제읽기 CHECK

☐ 구하는 것에 밑줄, 주어진 것에 ○표!

☐ 어떤 분수에 9를 곱하면?

....

2 어떤 자연수를 15로 나누어야 할 것을 잘못하여 뺐더니 8이 되었습니다. 바르게 계산하면 얼마인지 분수로 나타내세요.

풀이 ❶ 어떤 자연수를 ☐라고 하여 잘못 계산한 식을 만들고, ☐를 구하세요.

❷ 바르게 계산하세요.

답 ....

문제읽기 CHECK

☐ 구하는 것에 밑줄, 주어진 것에 ○표!

☐ 잘못한 계산은? 어떤 자연수에서 .... 를 빼면 .... 이 된다.

☐ 바른 계산은? 어떤 자연수를 .... 로 (곱한다 , 나눈다).

3 어떤 분수를 10으로 나누어야 할 것을 잘못하여 곱했더니 $\frac{7}{8}$ 이 되었습니다. 바르게 계산하세요.

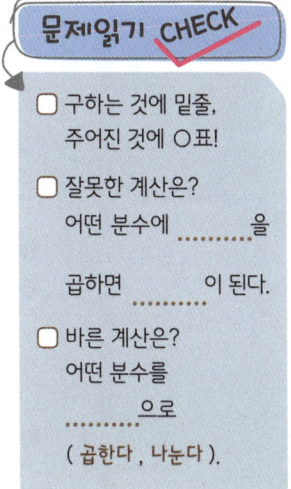

문제읽기 CHECK ✓

☐ 구하는 것에 밑줄,
주어진 것에 ○표!

☐ 잘못한 계산은?
어떤 분수에 ....을
곱하면 .... 이 된다.

☐ 바른 계산은?
어떤 분수를
.... 으로
(곱한다 , 나눈다).

풀이 ❶ 어떤 분수를 □라고 하여 잘못 계산한 식을 만들고, □를 구하세요.

❷ 바르게 계산하세요.

답 ....

4 통에 있는 간장을 그릇 4개에 똑같이 나누어 담아야 하는데 잘못하여 통에서 간장 4 L를 덜어냈더니 $\frac{4}{9}$ L가 남았습니다. 처음 통에 있던 간장을 바르게 그릇에 나누어 담을 때 그릇 한 개에 담는 간장은 몇 L 인지 기약분수로 나타내세요.

문제읽기 CHECK ✓

☐ 구하는 것에 밑줄,
주어진 것에 ○표!

☐ 통에서 간장 4 L를 덜어
내고 남은 양은?
.... L

☐ 그릇 한 개에 담는 간장
의 양은?
처음 통에 있던 간장의
양을 그릇의 수 ......로
(곱한다 , 나눈다).

풀이 ❶ 처음 통에 있던 간장의 양을 □ L라고 하여 식을 만들고, □를 구하세요.

❷ 처음 통에 있던 간장을 그릇 4개에 똑같이 나누어 담을 때 그릇 한 개에 담는 간장의 양을 구하세요.

답 ....

조건에 알맞게 구하기

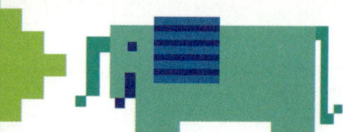

대표 문제

1

수 카드 ③ , ④ , ⑧ 을 □ 안에 한 번씩만 써넣어
계산 결과가 가장 작은 나눗셈식을 만들고 계산하세요.

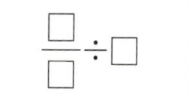

문제읽고

❶ 구하는 것에 밑줄 치고, 주어진 것에 ○표 하세요.

❷ 계산 결과가 가장 작으려면 어떻게 해야 하나요?

계산 결과의 분모가 가장 (**커지도록** , **작아지도록**) 나눗셈식을 만듭니다.

풀이쓰고

❸ 계산 결과가 가장 작은 나눗셈식을 만들고 계산하세요.

수 카드의 수를 큰 수부터 차례로 쓰면 .... > .... > .... 이므로

계산 결과가 가장 작은 나눗셈식은 $\frac{3}{8} \div 4 = \frac{3}{8} \times$ .... = ...

또는 .... ÷ .... = ... × .... = ... 입니다.

❹ 답을 쓰세요.

계산 결과가 가장 작은 나눗셈식은 .... 입니다.

한번 더 OK

2

수 카드 4 , 5 , 9 를 □ 안에 한 번씩만 써넣어
계산 결과가 가장 큰 나눗셈식을 만들고
계산 결과를 기약분수로 나타내세요.

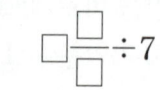

문제읽고

❶ 구하는 것에 밑줄 치고, 주어진 것에 ○표 하세요.

❷ 계산 결과가 가장 크려면 어떻게 해야 하나요?

나누어지는 수가 가장 (**커지도록** , **작아지도록**) 나눗셈식을 만듭니다.

풀이쓰고

❸ 계산 결과가 가장 큰 나눗셈식을 만들고 계산하세요.

수 카드의 수를 큰 수부터 차례로 쓰면 .... > .... > .... 이므로

계산 결과가 가장 큰 나눗셈식은

.... ÷ 7 = ... × .... = ... 입니다.
　　　　　　가분수

❹ 답을 쓰세요.

계산 결과가 가장 큰 나눗셈식은 .... 입니다.

대표문제 3

□ 안에 들어갈 수 있는 자연수를 모두 구하세요.

$$\frac{\square}{6} < 2\frac{1}{3} \div 2$$

문제읽고

❶ 무엇을 구하는 문제인가요? 구하는 것에 밑줄 치세요.

풀이쓰고

❷ $2\frac{1}{3} \div 2$ 를 계산하여 가분수로 나타내세요.

$2\frac{1}{3} \div 2 =$ _____ × _____ = _____
       가분수

❸ □ 안에 들어갈 수 있는 자연수를 모두 구하세요.

$\frac{\square}{6} <$ _____ 이므로 □는 7보다 (**커야** , **작아야**) 합니다.

➡ □ 안에 들어갈 수 있는 자연수는 (1 , 2 , 3 , 4 , 5 , 6 , 7 , 8 , 9)입니다.

❹ 답을 쓰세요.   □ 안에 들어갈 수 있는 자연수는 ....입니다.

한단계 UP 4

□ 안에 들어갈 수 있는 가장 작은 자연수를 구하세요.

$$12\frac{4}{7} \div 4 < \square$$

문제읽고

❶ 무엇을 구하는 문제인가요? 구하는 것에 밑줄 치세요.

풀이쓰고

❷ $12\frac{4}{7} \div 4$ 를 계산하여 대분수로 나타내세요.

$12\frac{4}{7} \div 4 =$ _____ × _____ = _____
       가분수

❸ □ 안에 들어갈 수 있는 자연수를 구하세요.

.... < □ 이므로 □는 (3 , 4)와 같거나 큽니다.

➡ □ 안에 들어갈 수 있는 자연수는 (1 , 2 , 3 , 4 , 5 , 6 , 7 , 8 ······)입니다.

❹ 답을 쓰세요.   □ 안에 들어갈 수 있는 가장 작은 자연수는 ....입니다.

1 수 카드 3장을 모두 한 번씩만 사용하여 계산 결과가 가장 큰 (진분수) ÷ (자연수)를 만들고 계산하세요.

$$\boxed{3} \quad \boxed{7} \quad \boxed{9}$$

문제읽기 CHECK ✓

☐ 구하는 것에 밑줄, 주어진 것에 ○표!

☐ 계산 결과가 가장 크려면? 계산 결과의 분모가 가장 (커져야 , 작아져야) 한다.

풀이 수 카드의 수를 작은 수부터 차례로 쓰면

.... < .... < .... 이므로

계산 결과가 가장 큰 (진분수)÷(자연수)는

가장 작은 수인 ....을 나누는 수로,

나머지 수로 진분수를 만들어 나눗셈식을 만듭니다.

➡ .... ÷ .... = ... × .... = ...

답 ....

2 ☐ 안에 들어갈 수 있는 자연수는 모두 몇 개인가요?

$$1\frac{3}{5} \div 4 > \frac{\square}{20}$$

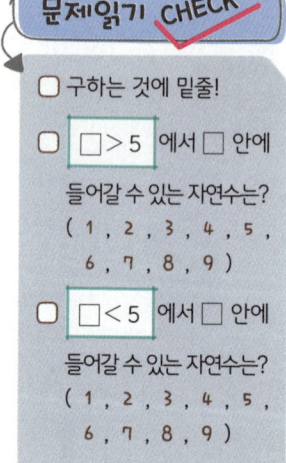
문제읽기 CHECK ✓

☐ 구하는 것에 밑줄!

☐ ☐ > 5 에서 ☐ 안에 들어갈 수 있는 자연수는? (1 , 2 , 3 , 4 , 5 , 6 , 7 , 8 , 9)

☐ ☐ < 5 에서 ☐ 안에 들어갈 수 있는 자연수는? (1 , 2 , 3 , 4 , 5 , 6 , 7 , 8 , 9)

풀이 ❶ $1\frac{3}{5} \div 4$를 계산하세요.

❷ ☐ 안에 들어갈 수 있는 자연수의 개수를 구하세요.

답 ....

3 □ 안에 들어갈 수 있는 가장 큰 자연수를 구하세요.

$$5 \div \square > 1$$

문제읽기 CHECK

☐ 구하는 것에 밑줄!

☐ 5÷□의 몫을 분수로 나타내면?

풀이

답 ....

도전!

4 수 카드 4장을 □ 안에 한 번씩만 써넣어 계산 결과가 가장 작은 나눗셈식을 만들고 계산하세요.

8 5 7 2 → $\dfrac{\square}{\square} \div \square$

문제읽기 CHECK

☐ 구하는 것에 밑줄, 주어진 것에 ○표!

☐ 계산 결과가 가장 작은 나눗셈식을 만들려면?
• 나누는 수 : 가장 (큰 , 작은) 수
• 나누어지는 수 : 가장 (큰 , 작은) 수

풀이 ❶ 계산 결과가 가장 작은 나눗셈식을 만드세요.

❷ ❶에서 만든 나눗셈식을 계산하세요.

답 ....

1 무게가 9 kg인 통나무를 모양과 크기가 같게 10도막으로 나누려고 합니다. 통나무 한 도막은 몇 kg인지 분수로 나타내세요. **(5점)**

 풀이

 답 ....

2 휘발유 $2\frac{4}{7}$ L로 8 km를 갈 수 있는 자동차가 있습니다. 이 자동차로 3 km를 가는 데 필요한 휘발유는 몇 L인지 구하세요. **(5점)**

 풀이

답 ....

3 철사 $\frac{8}{9}$ m를 겹치지 않게 모두 사용하여 크기가 똑같은 정삼각형 모양을 2개 만들었습니다. 이 정삼각형 한 변의 길이는 몇 m인지 기약분수로 나타내세요. **(6점)**

 풀이

답 ....

4 오른쪽 그림과 같이 정오각형을 5등분하여 2칸에 색칠하였
습니다. 정오각형의 넓이가 $11\frac{1}{4}$ cm²일 때 색칠한 부분의
넓이는 몇 cm²인지 기약분수로 나타내세요. **(6점)**

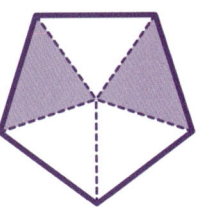

 풀이

 답

5 우유 2 L를 6명이 똑같이 나누어 마셨더니 $\frac{5}{6}$ L가 남았습니다. 한 명이 마신 우유
는 몇 L인가요? **(6점)**

 풀이

답

6 어떤 분수를 9로 나누어야 할 것을 잘못하여 곱했더니 14가 되었습니다. 바르게 계
산하세요. **(7점)**

풀이

 답

7 수 카드 3장을 □ 안에 한 번씩만 써넣어 계산 결과가 가장 작은 나눗셈식을 만들고 계산하세요. **(8점)**

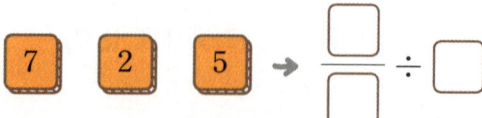

풀이

답 ....

8 □ 안에 들어갈 수 있는 자연수는 모두 몇 개인가요? **(8점)**

$$1\frac{2}{3} \div 7 > \frac{\square}{21}$$

풀이

답 ....

원숭이는 장난꾸러기

서로 다른 부분 10군데를 찾아 ○표 해 주세요.

개구쟁이 원숭이들이 야자수 나무에서 놀고 있어요.
눈 깜짝할 사이에 이것저것 많이 바꾸어 놓았네요!
원숭이들이 어떤 장난을 쳤는지 찾아볼까요?

▶ 쉬어가기 정답은 124쪽에 있습니다.

2 각기둥과 각뿔

어떻게 공부할까요?

계획대로 공부했나요?
스스로 평가하여
알맞은 표정에 색칠하세요.

교재 날짜	공부할 내용	공부한 날짜	스스로 평가		
8일	개념 확인하기	/	☺	☺	☹
9일	각기둥과 각뿔의 구성 요소의 수	/	☺	☺	☹
10일	각기둥과 각뿔의 모서리의 길이	/	☺	☺	☹
11일	각기둥의 전개도	/	☺	☺	☹
12일	문장제 서술형 평가	/	☺	☺	☹

우리 주변에서
각기둥, 각뿔 모양의
물건을 찾아볼까?

무엇을 배울까요?

교과서
학습연계도

4-2

6. 다각형
• 다각형, 정다각형
• 대각선

5-2

5. 직육면체
• 직육면체, 정육면체
• 겨냥도, 전개도

6-1

2. 각기둥과 각뿔
• 각기둥
• 각기둥의 전개도
• 각뿔

6-2

6. 원기둥, 원뿔, 구
• 원기둥, 원뿔
• 원기둥의 전개도

" 각기둥과 각뿔의 개념을 익혀서 공간 지각 능력을 키워요.

5학년에서 직육면체와 정육면체에 대해 공부했어요.
직육면체(정육면체)는 각기둥에 포함되는 도형으로 이 단원에서는 각기둥과 각뿔에 대해 알아볼 거예요.
각기둥과 각뿔의 개념과 그 구성 요소의 성질을 잘 알고 있어야
구성 요소의 수, 모서리의 길이를 구하는 문제를 해결할 수 있어요.
또한, 각기둥의 전개도를 이해하고 여러 가지 방법으로 그릴 수 있어야 하는데
전개도가 어려운 친구들은 과자 상자의 모서리를 잘라서 펼쳐 보세요. 지금 시작! "

각기둥과 각뿔

1 각기둥에 □표, 각뿔에 △표 하세요.

2 입체도형을 보고 □ 안에 알맞은 말을 써넣으세요.

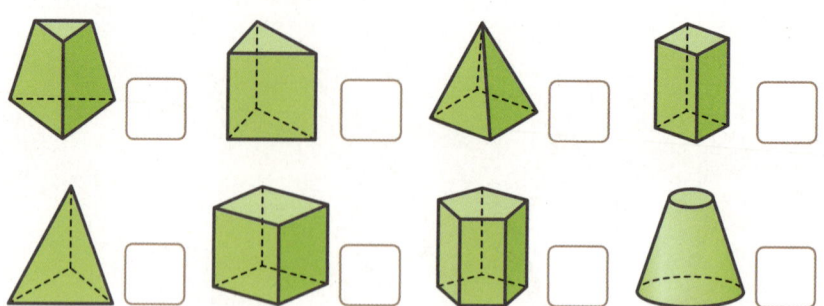

밑면

각기둥

3 오른쪽 각기둥을 보고 물음에 답하세요.

(1) 두 밑면을 찾아 색칠하세요.
(2) 옆면을 모두 찾아 쓰세요.

　면 ...., 면 ....,

　면 ....

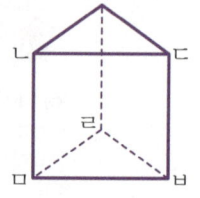

4 각기둥의 이름을 쓰세요.

　　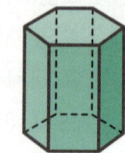　　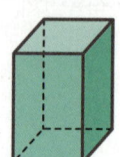

....　　.........................　　.........................

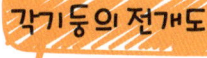
각기둥의 전개도

5 전개도를 접어서 각기둥을 만들었습니다. ☐ 안에 알맞은 수를 써넣으세요.

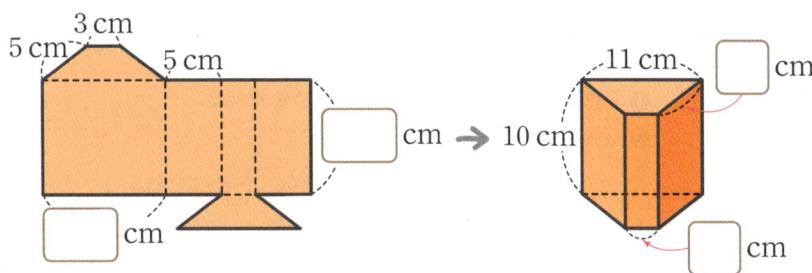

각뿔

6 오른쪽 각뿔을 보고 물음에 답하세요.

(1) 밑면을 찾아 색칠하세요.
(2) 각뿔의 꼭짓점을 찾아 ●으로 표시하세요.
(3) 옆면을 모두 찾아 쓰세요.

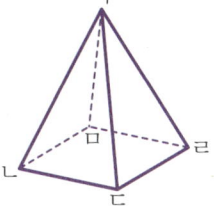

면 ...., 면 ....,

면 ...., 면 ....

7 각뿔의 이름을 쓰세요.

      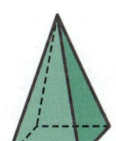   

....

8 각뿔의 높이를 구하세요.

(1)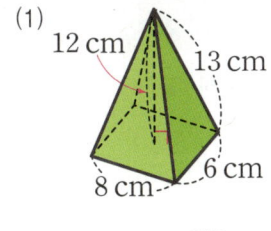

(2)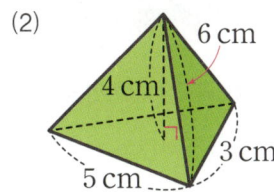

.... cm   .... cm

대표문제

1

밑면의 모양이 오른쪽 그림과 같은 각기둥의 이름을 쓰고, 이 각기둥의 면은 몇 개인지 구하세요.

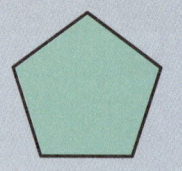

문제읽고

❶ 구하는 것에 밑줄 치고, 주어진 것에 ○표 하세요.

❷ 각기둥의 이름은 어떻게 결정되나요?

각기둥은 (밑면 , 옆면)의 모양에 따라 삼각기둥, 사각기둥, 오각기둥……이라고 합니다.

풀이쓰고

❸ 밑면의 모양이 위의 그림과 같은 각기둥의 이름을 쓰고, 이 각기둥의 면은 몇 개인지 구하세요.

밑면의 모양이 .... 이므로 .... 기둥입니다.

➜ (면의 수) = (한 밑면의 변의 수) (+ , ×) 2

= .... = ...(개)

❹ 답을 쓰세요.

밑면의 모양이 위의 그림과 같은 각기둥은 .... 이고,

이 각기둥의 면은 .... 입니다.

한단계 UP

2

꼭짓점이 6개인 각기둥은 모서리가 몇 개인지 구하세요.

문제읽고

❶ 무엇을 구하는 문제인가요? 구하는 것에 밑줄 치세요.

❷ 주어진 것은 무엇인가요? ○표 하고 답하세요.

각기둥의 꼭짓점의 수 : ....개

풀이쓰고

❸ 꼭짓점이 6개인 각기둥의 한 밑면의 변의 수를 구하세요.

(꼭짓점의 수) = (한 밑면의 변의 수) × 2

➜ (한 밑면의 변의 수) = (꼭짓점의 수) ÷ 2 = ... = ...(개)

❹ 꼭짓점이 6개인 각기둥은 모서리가 몇 개인지 구하세요.

(모서리의 수) = (한 밑면의 변의 수) (+ , ×) 3

= .... = ...(개)

❺ 답을 쓰세요.

꼭짓점이 6개인 각기둥은 모서리가 .... 입니다.

3 밑면의 모양이 오른쪽 그림과 같은 각뿔의 이름을 쓰고, 이 각뿔의 면은 몇 개인지 구하세요.

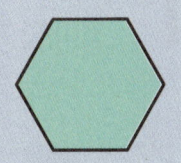

문제읽고
❶ 구하는 것에 밑줄 치고, 주어진 것에 ○표 하세요.
❷ 각뿔의 이름은 어떻게 결정되나요?

　　각뿔은 (**밑면** , **옆면**)의 모양에 따라 삼각뿔, 사각뿔, 오각뿔……이라고 합니다.

풀이쓰고
❸ 밑면의 모양이 위의 그림과 같은 각뿔의 이름을 쓰고, 이 각뿔의 면은 몇 개인지 구하세요.

　　밑면의 모양이 ....이므로 ....뿔입니다.

　　➜　(면의 수) = (밑면의 변의 수) (**+** , **×**) 1

　　　　　　　= .... = ...(개)

❹ 답을 쓰세요.

　　밑면의 모양이 위의 그림과 같은 각뿔은 ....이고,

　　이 각뿔의 면은 ....입니다.

---

4 모서리가 8개인 각뿔은 꼭짓점이 몇 개인지 구하세요.

문제읽고
❶ 무엇을 구하는 문제인가요? 구하는 것에 밑줄 치세요.
❷ 주어진 것은 무엇인가요? ○표 하고 답하세요.

　　각뿔의 모서리의 수 : ....개

풀이쓰고
❸ 모서리가 8개인 각뿔의 밑면의 변의 수를 구하세요.

　　(모서리의 수) = (밑면의 변의 수) × 2

　　➜　(밑면의 변의 수) = (모서리의 수) ÷ 2 = ... = ...(개)

❹ 모서리가 8개인 각뿔은 꼭짓점이 몇 개인지 구하세요.

　　(꼭짓점의 수) = (밑면의 변의 수) (**+** , **×**) 1

　　　　　　　= .... = ...(개)

❺ 답을 쓰세요.

　　모서리가 8개인 각뿔은 꼭짓점이 ....입니다.

1 밑면의 모양이 오른쪽 그림과 같은 각기둥은 꼭짓점이 몇 개인가요?

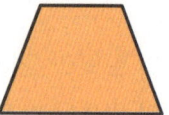

풀이 밑면의 모양이 ....이므로

한 밑면의 변의 수는 ....개입니다.

➡ (꼭짓점의 수) = (한 밑면의 변의 수) (+ , ×) 2

= ....

= ....(개)

답 ....

2 오른쪽 입체도형이 각뿔이 아닌 이유를 쓰세요.

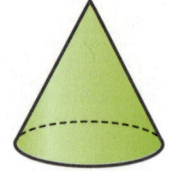

이유 밑면이 .... 아닙니다.

옆면이 .... 아닙니다.

3 꼭짓점이 4개인 각뿔은 면과 모서리가 모두 몇 개인지 구하세요.

 **풀이**

❶ 꼭짓점이 4개인 각뿔의 밑면의 변의 수를 구하세요.

❷ 꼭짓점이 4개인 각뿔은 면과 모서리가 모두 몇 개인지 구하세요.

답 ....

문제읽기 CHECK ✔

☐ 구하는 것에 밑줄,
   주어진 것에 ○표!

☐ 꼭짓점의 수는?
                    .... 개

도전!

4 각기둥과 각뿔 중에서 다음 조건을 모두 만족하는 입체도형의 이름을 쓰세요.

· 면은 9개입니다.
· 모서리는 21개입니다.
· 꼭짓점은 14개입니다.

 **풀이**

❶ 면이 9개인 각기둥과 각뿔을 각각 구하세요.

❷ 면은 9개, 모서리는 21개, 꼭짓점은 14개인 입체도형의 이름을 쓰세요.

답 ....

문제읽기 CHECK ✔

☐ 구하는 것에 밑줄,
   주어진 것에 ○표!

☐ 입체도형의 면의 수는?
                    .... 개

☐ 입체도형의 모서리의 수
   는?
                    .... 개

☐ 입체도형의 꼭짓점의 수
   는?
                    .... 개

각기둥과 각뿔의 모서리의 길이

1

오른쪽 각기둥의 모든 모서리의 길이의 합은 몇 cm인지 구하세요.

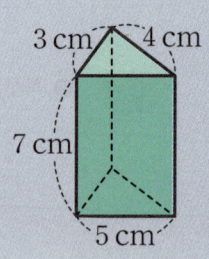

3 cm 4 cm

7 cm

5 cm

문제읽고

❶ 무엇을 구하는 문제인가요? 구하는 것에 밑줄 치세요.

❷ 위 각기둥의 모서리는 모두 몇 개인가요? ....개

풀이쓰고

❸ 각기둥의 모든 모서리의 길이의 합은 몇 cm인지 구하세요.

길이가 3 cm인 모서리 : ....개, 길이가 4 cm인 모서리 : ....개,

길이가 5 cm인 모서리 : ....개, 길이가 7 cm인 모서리 : ....개

➡ (모든 모서리의 길이의 합) = 3 × .... + 4 × .... + 5 × .... + 7 × ....

= .... (cm)

❹ 답을 쓰세요. 각기둥의 모든 모서리의 길이의 합은 ....입니다.

2

오른쪽 각기둥의 모든 모서리의 길이의 합은 몇 cm인지 구하세요.

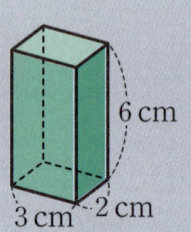

6 cm

3 cm 2 cm

문제읽고

❶ 무엇을 구하는 문제인가요? 구하는 것에 밑줄 치세요.

❷ 위 각기둥의 모서리는 모두 몇 개인가요? ....개

풀이쓰고

❸ 각기둥의 모든 모서리의 길이의 합은 몇 cm인지 구하세요.

길이가 3 cm인 모서리 : ....개, 길이가 2 cm인 모서리 : ....개,

길이가 6 cm인 모서리 : ....개

➡ (모든 모서리의 길이의 합) = 3 × .... + 2 × .... + 6 × ....

= .... (cm)

❹ 답을 쓰세요. 각기둥의 모든 모서리의 길이의 합은 ....입니다.

3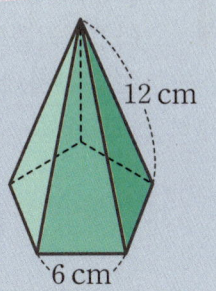

오른쪽 각뿔은 밑면이 정오각형이고,
옆면이 모두 이등변삼각형입니다.
이 각뿔의 모든 모서리의 길이의 합은 몇 cm인지 구하세요.

12 cm

6 cm

문제읽고

❶ 무엇을 구하는 문제인가요? 구하는 것에 밑줄 치세요.

❷ 주어진 것은 무엇인가요? ○표 하고 답하세요.

　밑면의 모양 : ...., 옆면의 모양 : 모두 ....

풀이쓰고

❸ 각뿔의 모든 모서리의 길이의 합은 몇 cm인지 구하세요.

　길이가 6 cm인 모서리 : .... 개, 길이가 12 cm인 모서리 : .... 개

　➡ (모든 모서리의 길이의 합) = 6 × .... + 12 × ....

　　　　　　　　　　　　　　= .... (cm)

❹ 답을 쓰세요.　각뿔의 모든 모서리의 길이의 합은 ....입니다.

4

옆면은 모두 오른쪽 그림과 같은 이등변삼각형이고,
밑면은 정팔각형인 각뿔의
밑면의 둘레는 몇 cm인지 구하세요.

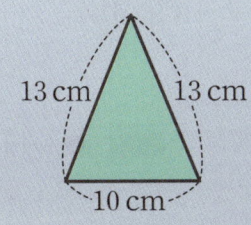

13 cm　　13 cm

10 cm

문제읽고

❶ 무엇을 구하는 문제인가요? 구하는 것에 밑줄 치세요.

❷ 주어진 것은 무엇인가요? ○표 하고 답하세요.

　밑면의 모양 : ...., 옆면의 모양 : 모두 ....

풀이쓰고

❸ 각뿔의 밑면의 둘레는 몇 cm인지 구하세요.

　밑면의 모양이 .... 이므로 밑면의 변의 수는 .... 개입니다.

　➡ (밑면의 둘레) = (밑면의 한 변의 길이) × (밑면의 변의 수)

　　　　　　　　= .... = ... (cm)

❹ 답을 쓰세요.　각뿔의 밑면의 둘레는 ....입니다.

1 오른쪽 각뿔은 모서리의 길이가 모두 5 cm입니다. 이 각뿔의 모든 모서리의 길이의 합은 몇 cm인지 구하세요.

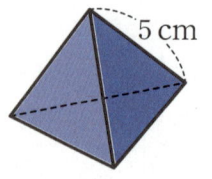

5 cm

문제읽기 CHECK ✓

☐ 구하는 것에 밑줄,
주어진 것에 ○표!

☐ 각뿔의 한 모서리의 길
이는?
.... cm

풀이　각뿔에서 길이가 5 cm인 모서리가 .... 개이므로

(모든 모서리의 길이의 합)

= ....

= .... (cm)

답 ....

2 오른쪽 각기둥은 밑면이 정육각형입니다. 이 각기둥의 모든 모서리의 길이의 합은 몇 cm인지 구하세요.

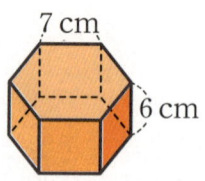

7 cm

6 cm

문제읽기 CHECK ✓

☐ 구하는 것에 밑줄,
주어진 것에 ○표!

☐ 밑면의 모양은?
....

☐ 밑면의 한 변의 길이는?
.... cm

☐ 각기둥의 높이는?
.... cm

풀이　❶ 길이가 7 cm, 6 cm인 모서리는 각각 몇 개인지 구하세요.

❷ 각기둥의 모든 모서리의 길이의 합은 몇 cm인지 구하세요.

답 ....

3 옆면이 오른쪽 그림과 같은 이등변삼각형 6개로 이루어진 각뿔이 있습니다. 이 각뿔의 모든 모서리의 길이의 합은 몇 cm인지 구하세요.

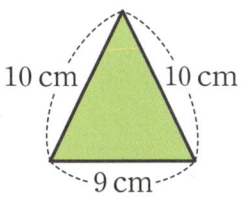

10 cm 10 cm

9 cm

문제읽기 CHECK ✓

☐ 구하는 것에 밑줄, 주어진 것에 ○표!

☐ 옆면의 모양은?
　　　　　‥‥‥‥‥‥‥

☐ 옆면의 수는?
　　　　‥‥‥‥ 개

☐ 한 옆면의 세 변의 길이 는?
‥‥‥‥ cm, ‥‥‥‥ cm,
‥‥‥‥ cm

풀이　❶ 각뿔의 이름을 쓰고, 밑면을 그리세요.

밑면

❷ 각뿔의 모든 모서리의 길이의 합은 몇 cm인지 구하세요.

답 ‥‥‥‥‥‥‥‥‥‥‥‥‥‥‥‥

도전!

4 모든 모서리의 길이의 합이 120 cm인 오각기둥이 있습니다. 이 오각기둥의 모서리의 길이가 모두 같을 때 한 모서리의 길이는 몇 cm인지 구하세요.

문제읽기 CHECK ✓

☐ 구하는 것에 밑줄, 주어진 것에 ○표!

☐ 오각기둥의 모든 모서리 의 길이의 합은?
　　　　‥‥‥‥‥ cm

☐ 오각기둥의 모서리의 길 이는?
　　　　모두 ‥‥‥‥ .

풀이　❶ 오각기둥의 모서리의 수를 구하세요.

❷ 오각기둥의 한 모서리의 길이는 몇 cm인지 구하세요.

답 ‥‥‥‥‥‥‥‥‥‥‥‥‥‥‥‥

각기둥의 전개도

대표
문제

1

오른쪽 전개도를 접었을 때 만들어지는
각기둥의 이름을 쓰고, 그 이유를 쓰세요.

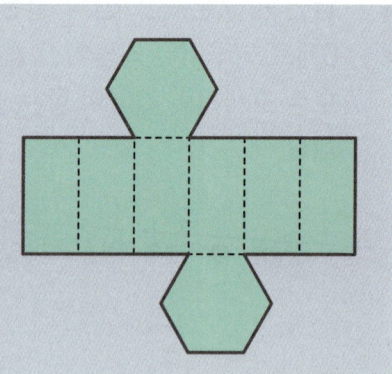

문제읽고

❶ 무엇을 구하는 문제인가요? 구하는 것에 밑줄 치세요.

풀이쓰고

❷ 전개도를 접었을 때 만들어지는 각기둥의 이름은 무엇인가요?

....

❸ ❷와 같이 답한 이유를 쓰세요.

밑면의 모양이 ....이고,

밑면이 ....개이므로 ....입니다.

한단계
UP

2

오른쪽 전개도를 접었을 때 만들어지는
각기둥에서 모서리는 몇 개인가요?

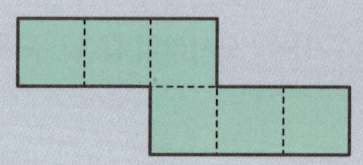

문제읽고

❶ 무엇을 구하는 문제인가요? 구하는 것에 밑줄 치세요.

풀이쓰고

❷ 전개도를 접었을 때 만들어지는 각기둥의 이름은 무엇인가요?

면의 모양이 모두 ....이므로 ....이 만들어집니다.

❸ 전개도를 접었을 때 만들어지는 각기둥에서 모서리는 몇 개인지 구하세요.

사각기둥에서 한 밑면의 변의 수는 4개이므로

(모서리의 수) = (한 밑면의 변의 수) (+ , ×) 3

= .... = ...(개)

❹ 답을 쓰세요.

전개도를 접었을 때 만들어지는 각기둥에서 모서리는 ....입니다.

대표문제

3

오른쪽 전개도를 접었을 때 만들어지는 각기둥의 모든 모서리의 길이의 합은 몇 cm인지 구하세요.

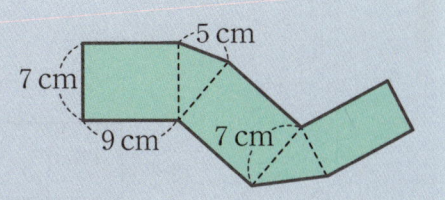

문제읽고

❶ 무엇을 구하는 문제인가요? 구하는 것에 밑줄 치세요.

❷ 전개도를 접었을 때 만들어지는 각기둥에서 모서리는 모두 몇 개인가요?

밑면의 모양이 ....이므로 삼각기둥이 만들어집니다.

➡ (모서리의 수) = ...×3 = ...(개)

풀이쓰고

❸ 각기둥의 모든 모서리의 길이의 합은 몇 cm인지 구하세요.

전개도를 접었을 때 서로 맞닿는 선분의 길이는 같으므로 길이가 5 cm인 모서리는 ....개,

길이가 7 cm인 모서리는 ....개, 길이가 9 cm인 모서리는 ....개입니다.

➡ (모든 모서리의 길이의 합) = 5×........+7×........+9×........ = ...(cm)

❹ 답을 쓰세요.   각기둥의 모든 모서리의 길이의 합은 ....입니다.

한번더 OK

4

오른쪽 전개도를 접었을 때 만들어지는 각기둥의 모든 모서리의 길이의 합은 몇 cm인지 구하세요.
(옆면은 모두 합동입니다.)

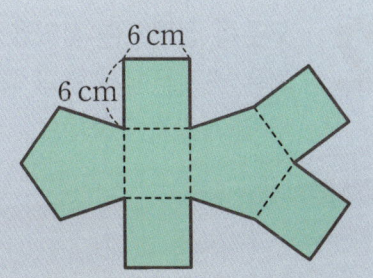

문제읽고

❶ 무엇을 구하는 문제인가요? 구하는 것에 밑줄 치세요.

❷ 전개도를 접었을 때 만들어지는 각기둥에서 모서리는 모두 몇 개인가요?

밑면의 모양이 오각형이므로 ....이 만들어집니다.

➡ (모서리의 수) = ...×3 = ...(개)

풀이쓰고

❸ 각기둥의 모든 모서리의 길이의 합은 몇 cm인지 구하세요.

옆면은 모두 합동이고, 전개도를 접었을 때 서로 맞닿는 선분의 길이는 같으므로

길이가 6 cm인 모서리는 ....개입니다.

➡ (모든 모서리의 길이의 합) = ... = ...(cm)

❹ 답을 쓰세요.   각기둥의 모든 모서리의 길이의 합은 ....입니다.

1 다음 전개도를 접어서 사각기둥을 만들 수 없습니다. 그 이유를 쓰세요.

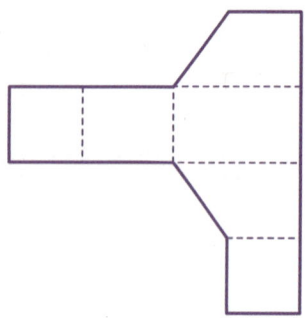

문제읽기 CHECK ✓

☐ 구하는 것에 밑줄!

☐ 각기둥의 모서리를 잘라서 평면 위에 펼쳐 놓은 그림은?

　각기둥의 ....

이유

❶ 전개도를 접었을 때 겹치는 두 면을 찾아 색칠하세요.

❷ 전개도를 접어서 사각기둥을 만들 수 없는 이유를 쓰세요.

전개도를 접었을 때

....

사각기둥을 만들 수 없습니다.

2 오른쪽 전개도를 접었을 때 만들어지는 각기둥에서 면과 꼭짓점은 모두 몇 개인지 구하세요.

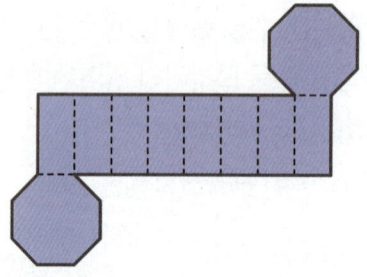

문제읽기 CHECK ✓

☐ 구하는 것에 밑줄!

☐ 각기둥에서 면의 수는?
　(한 밑면의 변의 수)
　　　+
　　　............

☐ 각기둥에서 꼭짓점의 수는?
　(한 밑면의 변의 수)
　　　×
　　　............

풀이

❶ 전개도를 접었을 때 만들어지는 각기둥의 이름은 무엇인가요?

❷ 전개도를 접었을 때 만들어지는 각기둥에서 면과 꼭짓점은 모두 몇 개인지 구하세요.

답 ....

3 오른쪽 전개도를 접었을 때 만들어지는 각기둥 의 모든 모서리의 길이의 합은 몇 cm인지 구하 세요. (옆면은 모두 합동입니다.)

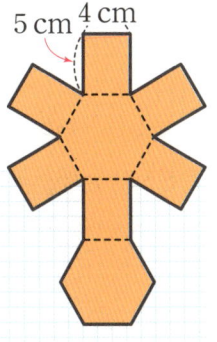
5 cm 4 cm

문제읽기 CHECK ✓

☐ 구하는 것에 밑줄!

☐ 만들어지는 각기둥에서 모서리의 길이를 나타내면?

☐ cm

☐ cm

 풀이

❶ 전개도를 접었을 때 만들어지는 각기둥에서 모서리는 모두 몇 개인가요?

❷ 각기둥의 모든 모서리의 길이의 합은 몇 cm인지 구하세요.

답 ....

도전!

4 다음 조건 은 왼쪽 전개도를 접었을 때 만들어지는 각기둥을 설명한 것입니다. 조건을 보고 밑면의 한 변의 길이는 몇 cm인지 구하세요.

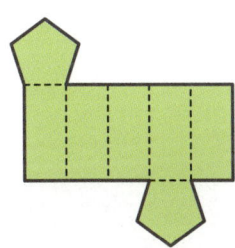

조건

• 각기둥의 옆면은 모두 합동입니다.

• 각기둥의 높이는 9 cm입니다.

• 각기둥의 모든 모서리의 길이의 합은 85 cm입니다.

문제읽기 CHECK ✓

☐ 구하는 것에 밑줄, 주어진 것에 ○표!

☐ 각기둥의 옆면은? 모두 .... 이다.

☐ 각기둥의 높이는? .... cm

☐ 각기둥의 모든 모서리의 길이의 합은? .... cm

풀이

❶ 전개도를 접었을 때 만들어지는 각기둥의 밑면은 어떤 도형인가요?

❷ 각기둥의 밑면의 한 변의 길이는 몇 cm인지 구하세요.

답 ....

문장제 서술형 평가

1 각기둥과 각뿔 중에서 다음을 만족하는 입체도형의 이름을 쓰세요. **(5점)**

> • 밑면은 다각형이고, 옆면은 모두 삼각형입니다.
> • 꼭짓점은 8개입니다.

 풀이

 답 ....

2 오른쪽 각기둥의 모든 모서리의 길이의 합은 몇 cm인지 구하세요. **(5점)**

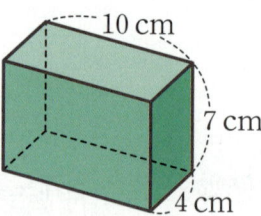

10 cm
7 cm
4 cm

 풀이

답 ....

3 면의 수가 가장 적은 각뿔은 모서리가 몇 개인지 구하세요. **(6점)**

 풀이

답 ....

4 두 입체도형의 같은 점과 다른 점을 한 가지씩 쓰세요. **(6점)**

가 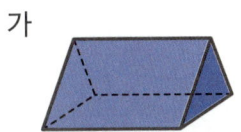   나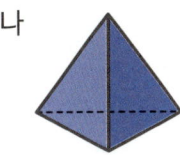

같은 점 ....

....

다른 점 ....

....

5 오른쪽 전개도를 접었을 때 만들어지는 각기둥에서 모서리, 면, 꼭짓점은 모두 몇 개인지 구하세요. **(6점)**

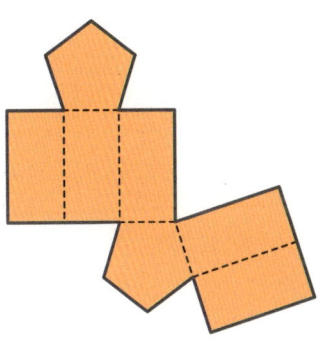

 풀이

 답 ....

6 모든 모서리의 길이의 합이 88 cm인 사각뿔이 있습니다. 이 사각뿔의 모서리의 길이가 모두 같을 때 한 모서리의 길이는 몇 cm인지 구하세요. **(6점)**

 풀이

 답 ....

2. 각기둥과 각뿔 • 57

7 다음 전개도를 접었을 때 만들어지는 각기둥의 모든 모서리의 길이의 합은 몇 cm 인지 구하세요. **(7점)**

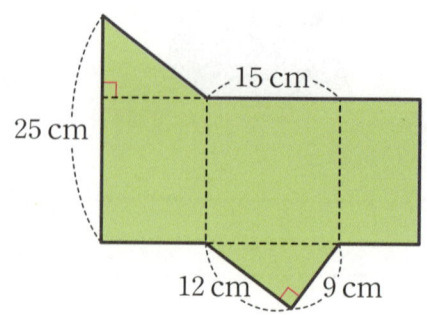

풀이

답 ....

8 밑면의 모양이 육각형인 각뿔과 모서리의 수가 같은 각기둥에서 면은 몇 개인지 구 하세요. **(8점)**

풀이

답 ....

우리 집의 전개도를 찾아 ○표 해 주세요.

펑펑! 함박눈이 내리고 있어요.
친구들과 커다란 눈사람을 만들었어요.
어느덧 해가 질 무렵이 되어 집으로 돌아가야 해요.
우리 집은 어떻게 생겼을까요? 전개도를 찾아주세요.

1

2

3

4

5

우리 집

6

▶ 쉬어가기 정답은 124쪽에 있습니다.

3 소수의 나눗셈

어떻게 공부할까요?

계획대로 공부했나요? 스스로 평가하여 알맞은 표정에 색칠하세요.

교재 날짜	공부할 내용	공부한 날짜	스스로 평가		
13일	개념 확인하기	/	☺	☺	☹
14일	소수의 나눗셈	/	☺	☺	☹
15일	나눗셈이 있는 복잡한 계산	/	☺	☺	☹
16일	소수의 나눗셈 응용	/	☺	☺	☹
17일	수 카드로 나눗셈식 만들기	/	☺	☺	☹
18일	문장제 서술형 평가	/	☺	☺	☹

소수를 자연수로
어떻게
나누지?

몫이 소수가 되는 나눗셈 상황을 이해하고 계산해요.

1단원에서는 나누어지는 수가 '분수'인 경우의 나눗셈을 공부했어요.
그렇다면 나누어지는 수가 '소수'인 경우도 있겠죠?
예를 들어 '리본 2.3 m를 5도막으로 나누면 한 도막은 몇 m일까요?'와 같은 상황이죠.
소수여도 나눗셈의 원리는 같아요. 그래서 자연수의 나눗셈을 잘했던 친구들이라면
걱정하지 않아도 되는데 몫의 소수점 위치는 나누어지는 수의 소수점 위치에
맞춰 찍어야 한다는 것은 꼭! 기억해요.

(소수)÷(자연수)

1 빈 곳에 알맞은 수를 써넣으세요.

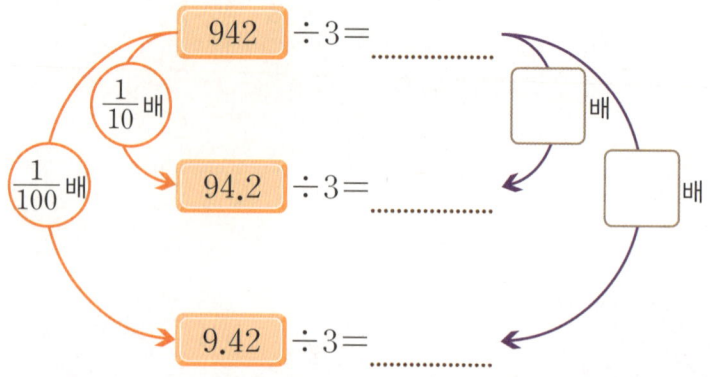

$942 \div 3 = $ ……………

$94.2 \div 3 = $ ……………

$9.42 \div 3 = $ ……………

2 ☐ 안에 알맞은 수를 써넣으세요.

(1) $89.25 \div 7$

$= \dfrac{8925}{100} \div 7 = \dfrac{\boxed{} \div 7}{100}$

$= \dfrac{\boxed{}}{100} = \boxed{}$

(2) $8925 \div 7 = \boxed{}$

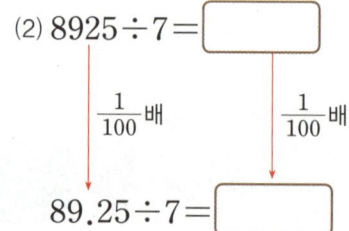

$\frac{1}{100}$배 $\frac{1}{100}$배

$89.25 \div 7 = \boxed{}$

3 계산해 보세요.

(1)

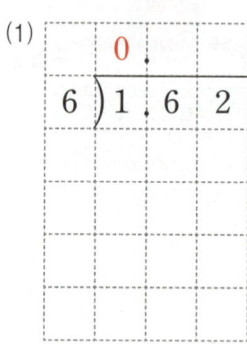

$$6\,)\,\overline{1.62}$$

(2)

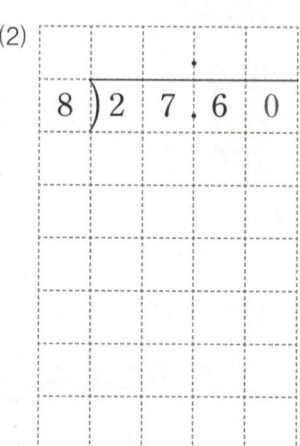

$$8\,)\,\overline{27.60}$$

(3)

$$2\,)\,\overline{4.98}$$

(4)

$$4\,)\,\overline{16.2}$$

(자연수)÷(자연수)

4 □ 안에 알맞은 수를 써넣으세요.

(1) $5 \div 4$

$= \dfrac{\boxed{}}{4} = \dfrac{\boxed{}}{100}$

$= \boxed{}$

(2) $500 \div 4 = \boxed{}$

$\downarrow \dfrac{1}{100}$배 $\downarrow \dfrac{1}{100}$배

$5 \div 4 = \boxed{}$

5 계산해 보세요.

(1)
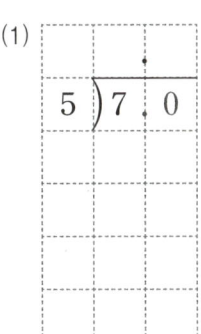

$5 \overline{)7.0}$

(2)

$8 \overline{)6.00}$

(3)

$2 \overline{)1\,1}$

(4)

$45 \overline{)9}$

몫의 소수점
위치 확인하기

6 어림셈하여 몫의 소수점 위치를 찾아 소수점을 찍어 보세요.

(1) $8.01 \div 3$

어림 ....÷3 ➡ 약 ....

몫 2○6○7

(2) $58 \div 8$

어림 ....÷8 ➡ 약 ....

몫 7○2○5

(3) $37.24 \div 4$

어림 ....÷4 ➡ 약 ....

몫 9○3○1

(4) $72.9 \div 5$

어림 ....÷5 ➡ 약 ....

몫 1○4○5○8

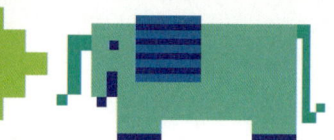

대표 문제 1

물 4.3 L를 병 2개에 똑같이 나누어 담으려고 합니다.
병 한 개에 담을 수 있는 물은 몇 L인가요?

문제읽고

❶ 무엇을 구하는 문제인가요? 구하는 것에 밑줄 치세요.
❷ 주어진 것은 무엇인가요? ○표 하고 답하세요.

전체 물의 양 : .... L, 나누어 담을 병의 수 : .... 개

풀이쓰고

❸ 식을 쓰세요.

(병 한 개에 담을 수 있는 물의 양)

= (전체 물의 양) (× , ÷) (나누어 담을 병의 수)

= .... = ... (L)

❹ 답을 쓰세요.

병 한 개에 담을 수 있는 물은 .... 입니다.

한번 더 OK 2

넓이가 보라색 삼각형은 11.2 cm²이고 노란색 삼각형은 8 cm²입니다.
보라색 삼각형의 넓이는 노란색 삼각형의 넓이의 몇 배인가요?

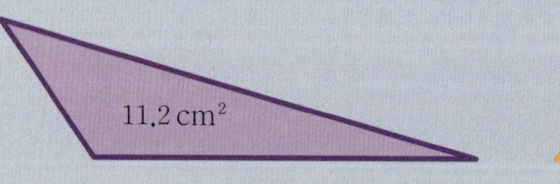

11.2 cm^2 8 cm^2

문제읽고

❶ 무엇을 구하는 문제인가요? 구하는 것에 밑줄 치세요.
❷ 주어진 것은 무엇인가요? ○표 하고 답하세요.

보라색 삼각형의 넓이 : .... cm², 노란색 삼각형의 넓이 : .... cm²

풀이쓰고

❸ 보라색 삼각형의 넓이는 노란색 삼각형의 넓이의 몇 배인지 구하세요.

(보라색 삼각형의 넓이) (× , ÷) (노란색 삼각형의 넓이)

= .... = ... (배)

❹ 답을 쓰세요.

보라색 삼각형의 넓이는 노란색 삼각형의 넓이의 .... 입니다.

대표 문제 3

자전거를 타고 일정한 빠르기로 3분 동안 달린 거리는 2.07 km입니다.
자전거를 타고 1분 동안 달린 거리는 몇 km인가요?

문제읽고

❶ 구하는 것에 밑줄 치고, 주어진 것에 ○표 하세요.

❷ 자전거를 타고 1분 동안 달린 거리를 구하려면 어떻게 해야 하나요?

달린 거리 ....km를 걸린 시간 ....분으로 (**곱합니다** , **나눕니다**).

풀이쓰고

❸ 식을 쓰세요.

(1분 동안 달린 거리) = (달린 거리) (× , ÷) (걸린 시간)

             = ... = ... (km)

❹ 답을 쓰세요.

1분 동안 달린 거리는 ....입니다.

한단계 UP 4

천혜향 6개의 무게는 1.62 kg이고, 레드향 4개의 무게는 1.2 kg입니다.
천혜향 1개와 레드향 1개 중 어느 것이 더 무거운지 구하세요.
(천혜향과 레드향의 무게는 각각 같습니다.)

문제읽고

❶ 무엇을 구하는 문제인가요? 구하는 것에 밑줄 치세요.

❷ 주어진 것은 무엇인가요? ○표 하고 답하세요.

천혜향 6개의 무게 : ....kg, 레드향 ....개의 무게 : 1.2 kg

풀이쓰고

❸ 천혜향 1개와 레드향 1개의 무게를 각각 구하세요.

(천혜향 1개의 무게) = ... = ... (kg)

(레드향 1개의 무게) = ... = ... (kg)

❹ 천혜향 1개와 레드향 1개의 무게를 비교하세요.

.... < .... 이므로 (**천혜향** , **레드향**) 1개가 더 무겁습니다.

❺ 답을 쓰세요.

천혜향 1개와 레드향 1개 중 .... 1개가 더 무겁습니다.

1 5천 원으로 리본 7 m를 살 수 있습니다. 천 원으로 살 수 있는 리본은 몇 m인지 소수로 나타내세요.

문제읽기 CHECK

☐ 구하는 것에 밑줄,
　주어진 것에 ○표!

☐ 5천 원으로 살 수 있는
　리본의 길이는?
　............... m

풀이 (천 원으로 살 수 있는 리본의 길이)

= (5천 원으로 살 수 있는 리본의 길이) (× , ÷) 5

= ....

= .... (m)

답 ....

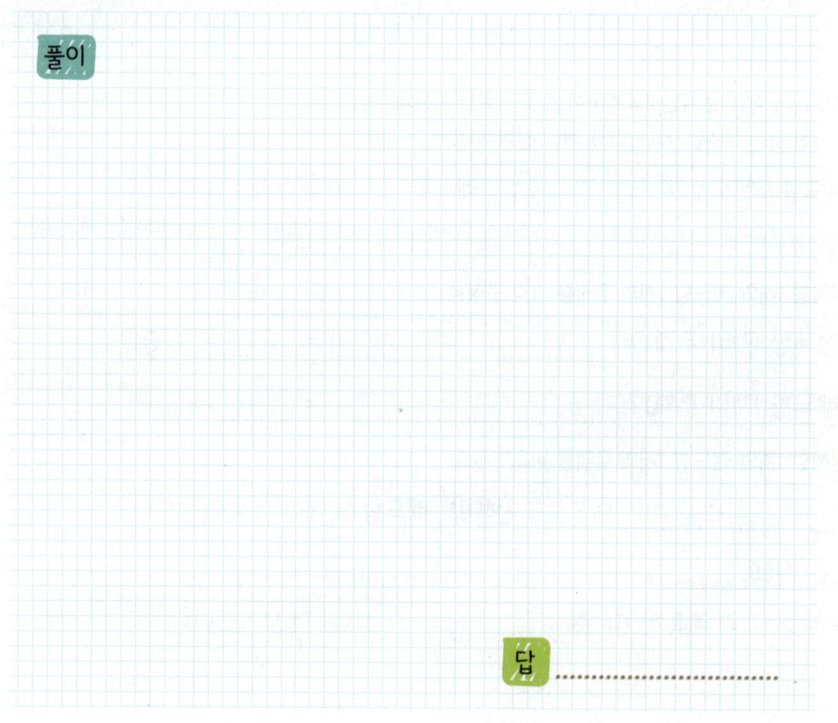

2 소금 21.35 kg을 통 7개에 똑같이 나누어 담으려고 합니다. 통 한 개에 담을 수 있는 소금은 몇 kg인가요?

문제읽기 CHECK

☐ 구하는 것에 밑줄,
　주어진 것에 ○표!

☐ 전체 소금의 양은?
　............... kg

☐ 나누어 담을 통의 수는?
　............... 개

풀이

답 ....

3 밑변의 길이가 9 cm이고 넓이가 48.6 cm²인 평행사변형이 있습니다. 이 평행사변형의 높이는 몇 cm인가요?

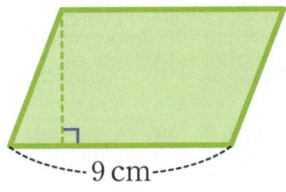

9 cm

문제읽기 CHECK ✓

☐ 구하는 것에 밑줄,
　주어진 것에 ○표!

☐ 평행사변형의 넓이는?
　⋯⋯⋯⋯⋯ cm²

☐ 밑변의 길이는?
　⋯⋯⋯ cm

풀이

답 ⋯⋯⋯⋯⋯⋯⋯⋯⋯⋯

 도전!

4 ㉮ 수도꼭지에서는 8분 동안 30.72 L의 물이 나오고, ㉯ 수도꼭지에서는 12분 동안 47.04 L의 물이 나옵니다. 같은 들이의 욕조에 두 수도꼭지를 각각 틀었을 때, 욕조를 더 먼저 채우는 수도꼭지는 어느 것인가요?

문제읽기 CHECK ✓

☐ 구하는 것에 밑줄,
　주어진 것에 ○표!

☐ 수도꼭지에서 나오는
　물의 양은?
　㉮ 수도꼭지 :
　⋯⋯ 분 동안 ⋯⋯ L
　㉯ 수도꼭지 :
　⋯⋯ 분 동안 ⋯⋯ L

풀이 ❶ ㉮와 ㉯ 수도꼭지에서 1분 동안 나오는 물의 양을 각각 구하세요.

❷ 욕조를 더 먼저 채우는 수도꼭지는 어느 것인지 구하세요.

답 ⋯⋯⋯⋯⋯⋯⋯⋯⋯⋯⋯⋯

나눗셈이 있는 복잡한 계산

대표문제

1

프랑스의 대표적인 디저트 과자.

무게가 같은 마카롱이 한 상자에 5개씩 들어 있습니다.
4상자의 무게가 604 g일 때 마카롱 한 개의 무게는 몇 g인지
소수로 나타내세요. (상자의 무게는 생각하지 않습니다.)

문제읽고

❶ 구하는 것에 밑줄 치고, 주어진 것에 ○표 하세요.

문제가 복잡할 때는
계산 순서를 먼저 생각해!

마카롱 한 상자의 무게를 먼저 구한 다음, ── ❷
마카롱 한 개의 무게를 구합니다. ── ❸

풀이쓰고

❷ 마카롱 한 상자의 무게를 구하세요.

(마카롱 한 상자의 무게) = (마카롱 4상자의 무게) (× , ÷) 4

= .... = ... (g)

❸ 마카롱 한 개의 무게를 구하세요.

(마카롱 한 개의 무게)

= (마카롱 한 상자의 무게) (× , ÷) (한 상자에 담겨 있는 마카롱 수)

= .... = ... (g)

❹ 답을 쓰세요. 마카롱 한 개의 무게는 .... 입니다.

한번 더 OK

2

운동부에서는 준비 운동으로 운동장을 8바퀴 돌아 총 4.4 km를 뜁니다.
지금까지 운동장을 3바퀴 돌았다면 뛴 거리는 몇 km인가요?

문제읽고

❶ 구하는 것에 밑줄 치고, 주어진 것에 ○표 하세요.

풀이쓰고

❷ 운동장 한 바퀴의 거리를 구하세요.

(운동장 한 바퀴의 거리) = (운동장 8바퀴의 거리) (× , ÷) 8

= .... = ... (km)

❸ 지금까지 뛴 거리를 구하세요.

(뛴 거리) = (운동장 한 바퀴의 거리) (× , ÷) (뛴 바퀴 수)

= .... = ... (km)

❹ 답을 쓰세요. 지금까지 뛴 거리는 .... 입니다.

3

무게가 같은 키위 9개가 들어 있는 바구니의 무게는 2.57 kg입니다.
빈 바구니의 무게가 0.5 kg일 때 키위 한 개의 무게는 몇 kg인가요?

문제읽고

❶ 구하는 것에 밑줄 치고, 주어진 것에 ○표 하세요.
❷ 키위 9개의 무게를 구하려면 어떻게 해야 하나요?

　 키위 9개가 들어 있는 바구니의 무게에서 빈 바구니의 무게를 (**더합니다** , **뺍니다**).

풀이쓰고

❸ 키위 9개의 무게를 구하세요.

　 (키위 9개의 무게) = (키위 9개가 들어 있는 바구니의 무게) (+ , –) (빈 바구니의 무게)

　　　　　　　　　 = ... = ... (kg)

❹ 키위 한 개의 무게를 구하세요.

　 (키위 한 개의 무게) = (키위 9개의 무게) (× , ÷) 9

　　　　　　　　 = ... = ... (kg)

❺ 답을 쓰세요.　 키위 한 개의 무게는 .... 입니다.

4

커피를 통 한 개에 0.7 L씩 통 6개에 담고,
우유 5.46 L를 커피가 담긴 통 6개에 똑같이 나누어 담아
커피우유를 만들었습니다.
통 한 개에 담긴 커피우유는 몇 L인가요?

문제읽고

❶ 구하는 것에 밑줄 치고, 주어진 것에 ○표 하세요.
❷ 통 한 개에 담긴 커피우유의 양을 구하려면 어떻게 해야 하나요?

　 통 한 개에 담긴 커피의 양과 우유의 양을 (**더합니다** , **뺍니다**).

풀이쓰고

❸ 통 한 개에 나누어 담은 우유의 양을 구하세요.

　 (통 한 개에 담은 우유의 양) = (전체 우유의 양) (× , ÷) (통의 수)

　　　　　　　　　　　 = ... = ... (L)

❹ 통 한 개에 담긴 커피우유의 양을 구하세요.

　 (통 한 개에 담긴 커피우유의 양)

　 = (통 한 개에 담긴 커피의 양) (+ , –) (통 한 개에 담은 우유의 양)

　 = ... = ... (L)

❺ 답을 쓰세요.　 통 한 개에 담긴 커피우유의 양은 .... 입니다.

1 리본 5.1 m를 두 도막으로 똑같이 잘랐습니다. 그중 한 도막으로 똑같은 나비 모양 5개를 만들려고 합니다. 나비 모양 한 개를 만들 수 있는 리본은 몇 m인가요?

풀이
❶ 자른 리본 한 도막의 길이를 구하세요.

(자른 리본 한 도막의 길이)

= (리본 전체 길이) (× , ÷) (도막 수)

= .... = ... (m)

❷ 나비 모양 한 개를 만들 수 있는 리본의 길이를 구하세요.

(나비 모양 한 개를 만들 수 있는 리본의 길이)

= (자른 리본 한 도막의 길이) (× , ÷) (나비 모양 수)

= .... = ... (m)

답 ....

문제읽기 CHECK ✓

☐ 구하는 것에 밑줄,
 주어진 것에 ○표!

☐ 리본 전체 길이는?
 .... m

☐ 리본을 똑같이 자른 도
 막 수는?
 .... 도막

☐ 리본 한 도막으로 만들
 려는 나비 모양 수는?
 .... 개

2 그림과 같은 직사각형을 넓이가 같은 작은 직사각형 6개로 나누었습니다. 보라색으로 색칠된 부분의 넓이는 몇 cm²인가요?

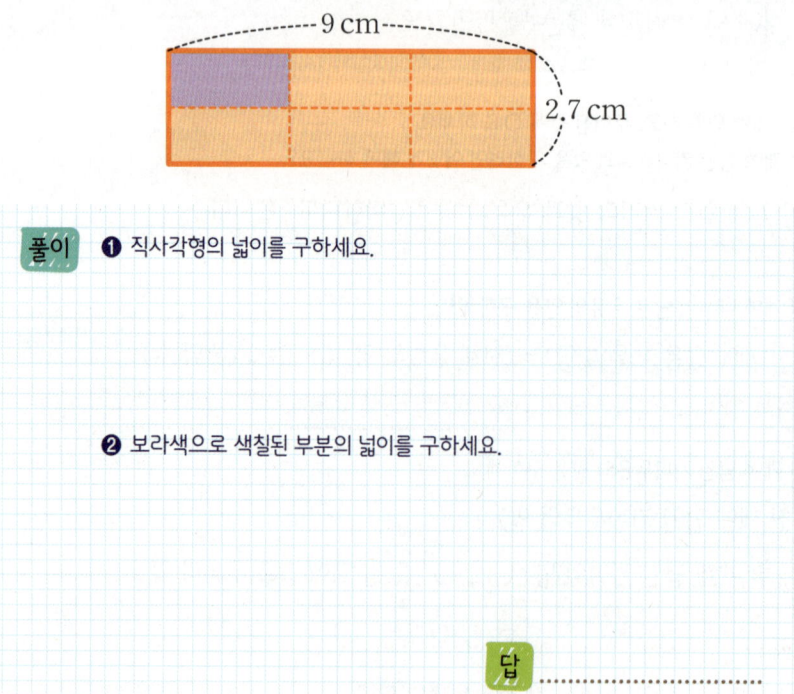

풀이
❶ 직사각형의 넓이를 구하세요.

❷ 보라색으로 색칠된 부분의 넓이를 구하세요.

답 ....

문제읽기 CHECK ✓

☐ 구하는 것에 밑줄,
 주어진 것에 ○표!

☐ 직사각형은?
 가로 : 9 cm
 세로 : .... cm

☐ 직사각형을 나눈 방법은?
 넓이가 같은 작은 직사각
 형 .... 개로 나누었다.

3 다희는 20분 동안 자전거를 타고 간 후, 0.03 km를 걸어서 9.03 km 떨어진 할머니 댁에 도착했습니다. 자전거가 일정한 빠르기로 달릴 때 자전거를 타고 1분 동안 간 거리는 몇 km인지 소수로 나타내세요.

문제읽기 CHECK ✓

☐ 구하는 것에 밑줄, 주어진 것에 ○표!

☐ 할머니 댁까지의 거리는?
.... km

☐ 걸은 거리는?
.... km

☐ 자전거를 탄 시간은?
.... 분

풀이 ❶ 자전거를 탄 거리를 구하세요.

❷ 자전거를 타고 1분 동안 간 거리를 구하세요.

답 ....

도전!

4 슬아, 서윤, 동헌이는 체중계에 올라가 몸무게를 쟀습니다. 세 사람의 몸무게의 평균은 몇 kg인가요?

문제읽기 CHECK ✓

☐ 구하는 것에 밑줄, 주어진 것에 ○표!

☐ 세 사람의 몸무게는?
슬아 : .... kg
서윤 : .... kg
동헌 : .... kg

슬아   42.6 kg

서윤   38.8 kg

동헌   55.4 kg

풀이 ❶ 세 사람의 몸무게의 합을 구하세요.

❷ 세 사람의 몸무게의 평균을 구하세요.

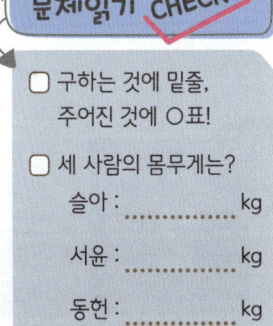
세 사람의 몸무게를 모두 더한 다음 사람 수로 나눈 값이 세 사람 몸무게의 평균이야.

답 ....

16 DAY
소수의 나눗셈 응용

대표문제

1

둘레가 17.92 cm인 정팔각형이 있습니다.
이 정팔각형의 한 변의 길이는 몇 cm인가요?

문제읽고

❶ 구하는 것에 밑줄 치고, 주어진 것에 ○표 하세요.

❷ 정팔각형에는 변이 몇 개 있나요? ....개

풀이쓰고

❸ 정팔각형의 한 변의 길이를 구하세요.

(한 변의 길이)

= (둘레) (× , ÷) (변의 수)

= ....

= .... (cm)

❹ 답을 쓰세요.

정팔각형의 한 변의 길이는 .... 입니다.

한번 더 OK

2

모든 모서리의 길이가 같은 사각기둥이 있습니다.
모든 모서리의 길이의 합이 114 cm일 때
한 모서리의 길이는 몇 cm인지 소수로 나타내세요.

문제읽고

❶ 구하는 것에 밑줄 치고, 주어진 것에 ○표 하세요.

❷ 사각기둥에는 모서리가 몇 개 있나요? ....개

풀이쓰고

❸ 사각기둥의 한 모서리의 길이를 구하세요.

(한 모서리의 길이)

= (모든 모서리의 길이의 합) (× , ÷) (모서리의 수)

= ....

= .... (cm)

❹ 답을 쓰세요.

사각기둥의 한 모서리의 길이는 .... 입니다.

사각기둥의 겨냥도를
완성해서
모서리의 수를 알아봐!

3

길이가 4.34 km인 도로에
은행나무 8그루를 같은 간격으로 그림과 같이 심으려고 합니다.
나무 사이의 간격을 몇 km로 해야 하는지 구하세요.

(나무의 두께는 생각하지 않습니다.)

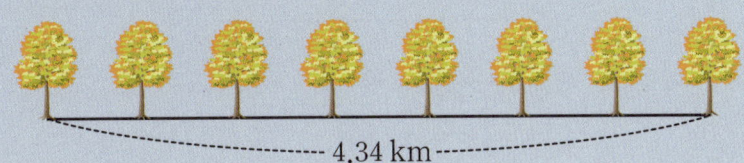

4.34 km

문제읽고

❶ 구하는 것에 밑줄 치고, 주어진 것에 ○표 하세요.
❷ 나무 사이의 간격은 몇 군데인가요?

→ ....군데

풀이쓰고

❸ 나무 사이의 간격을 구하세요.

(나무 사이의 간격 수) = 8−........ = ...(군데)

(나무 사이의 간격) = (도로의 길이) (× , ÷) (나무 사이의 간격 수)

= .... = ...(km)

❹ 답을 쓰세요.   나무 사이의 간격을 ....로 해야 합니다.

4

둘레가 252 m인 원 모양의 스케이트장에
둘레를 따라 막대 8개를 같은 간격으로 세우려고 합니다.
막대 사이의 간격을 몇 m로 해야 하는지 소수로 나타내세요.
(막대의 두께는 생각하지 않습니다.)

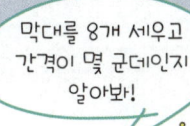

막대를 8개 세우고
간격이 몇 군데인지
알아봐!

문제읽고

❶ 구하는 것에 밑줄 치고, 주어진 것에 ○표 하세요.

풀이쓰고

❷ 막대 사이의 간격을 구하세요.

(막대 사이의 간격 수) = (...............의 수) = ...군데이므로

(막대 사이의 간격) = (둘레) (× , ÷) (막대 사이의 간격 수)

= .... = ...(m)

❸ 답을 쓰세요.   막대 사이의 간격을 ....로 해야 합니다.

1 둘레가 6.3 m인 정오각형 모양의 땅이 있습니다. 이 땅의 한 변의 길이는 몇 m인가요?

문제읽기 CHECK

☐ 구하는 것에 밑줄, 주어진 것에 ○표!

☐ 정오각형 모양의 땅의 둘레는?

.... m

풀이 　정오각형은 변이 .... 개입니다.

(한 변의 길이) = (둘레) (× , ÷) (변의 수)

= ....

= .... (m)

답 ....

2 모든 모서리의 길이가 같은 삼각뿔이 있습니다. 모든 모서리의 길이의 합이 30.24 cm일 때 한 모서리의 길이는 몇 cm인가요?

문제읽기 CHECK

☐ 구하는 것에 밑줄, 주어진 것에 ○표!

☐ 삼각뿔의 모든 모서리의 길이의 합은?

.... cm

풀이 　❶ 삼각뿔에는 모서리가 몇 개 있나요?

❷ 삼각뿔의 한 모서리의 길이를 구하세요.

답 ....

3 둘레가 7.2 km인 원 모양의 연못에 둘레를 따라 쓰레기통 20개를 같은 간격으로 설치하려고 합니다. 쓰레기통을 몇 km마다 설치해야 하는지 구하세요. (쓰레기통의 두께는 생각하지 않습니다.)

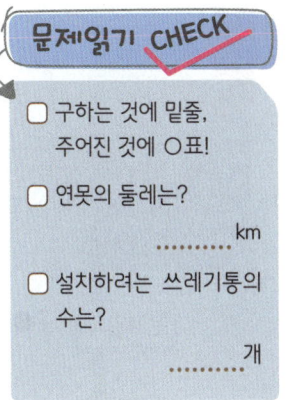

문제읽기 CHECK ✔

☐ 구하는 것에 밑줄,
  주어진 것에 ○표!

☐ 연못의 둘레는?
  .... km

☐ 설치하려는 쓰레기통의
  수는?
  .... 개

풀이 ❶ 쓰레기통 사이의 간격은 몇 군데인가요?

❷ 쓰레기통을 몇 km마다 설치해야 하는지 구하세요.

답 ....

4 길이가 285.5 cm인 줄에 크기가 같은 국기 10개를 같은 간격으로 그림과 같이 매달려고 합니다. 국기 사이의 간격을 몇 cm로 해야 하는지 구하세요.

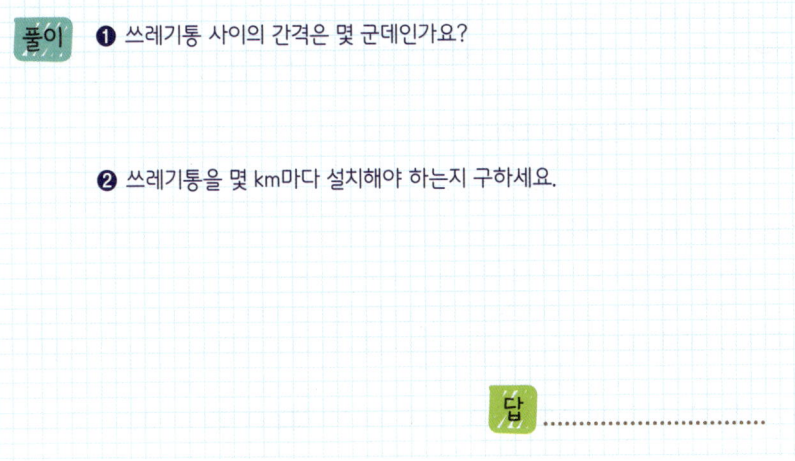

─── 285.5 cm ───

20 cm

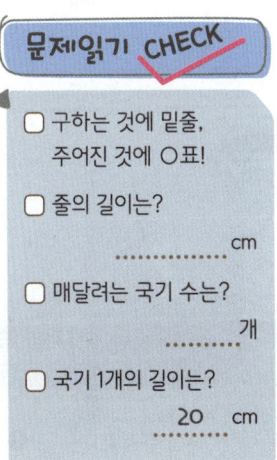

문제읽기 CHECK ✔

☐ 구하는 것에 밑줄,
  주어진 것에 ○표!

☐ 줄의 길이는?
  .... cm

☐ 매달려는 국기 수는?
  .... 개

☐ 국기 1개의 길이는?
  20 cm
  ....

풀이 ❶ 국기 사이의 간격의 합은 몇 cm인지 구하세요.

❷ 국기 사이의 간격을 몇 cm로 해야 하는지 구하세요.

답 ....

수 카드로 나눗셈식 만들기

대표 문제

1

수 카드 ④, ⑥, ⑦, ⑧ 중 ③장을 골라 한 번씩 사용하여 만들 수 있는 가장 큰 소수 두 자리 수를 남은 수 카드의 수로 나누었을 때 몫은 얼마인지 구하세요.

문제읽고

❶ 구하는 것에 밑줄 치고, 주어진 것에 ○표 하세요.

풀이쓰고

❷ 가장 큰 소수 두 자리 수를 만드세요.

수 카드의 수를 큰 수부터 차례로 쓰면 .... > .... > .... > .... 이므로

가장 큰 소수 두 자리 수는 [ ] . [ ][ ] 입니다.

❸ ❷에서 만든 가장 큰 소수 두 자리 수를 남은 수 카드의 수로 나누었을 때 몫을 구하세요.

.... ÷ .... = ...

❹ 답을 쓰세요.

몫은 .... 입니다.

한번 더 OK

2

수 카드 1, 3, 6, 8 중 3장을 골라 한 번씩 사용하여 만들 수 있는 가장 작은 소수 두 자리 수를 남은 수 카드의 수로 나누었을 때 몫은 얼마인지 구하세요.

문제읽고

❶ 구하는 것에 밑줄 치고, 주어진 것에 ○표 하세요.

풀이쓰고

❷ 가장 작은 소수 두 자리 수를 만드세요.

수 카드의 수를 작은 수부터 차례로 쓰면 .... < .... < .... < .... 이므로

가장 작은 소수 두 자리 수는 [ ] . [ ][ ] 입니다.

❸ ❷에서 만든 가장 작은 소수 두 자리 수를 남은 수 카드의 수로 나누었을 때 몫을 구하세요.

.... ÷ .... = ...

❹ 답을 쓰세요.

몫은 .... 입니다.

3

수 카드 3장 중 2장을 사용하여
몫이 가장 큰 나눗셈식을 만들고 계산하세요.

문제읽고

❶ 구하는 것에 밑줄 치고, 주어진 것에 ○표 하세요.

❷ 몫이 가장 큰 나눗셈식은 어떻게 만들어야 하나요?

나누어지는 수가 (**클수록** , 작을수록),

나누는 수가 (클수록 , 작을수록) 나눗셈의 몫은 커집니다.

풀이쓰고

❸ 몫이 가장 큰 나눗셈식을 만들고 계산하세요.

수 카드의 수를 큰 수부터 차례로 쓰면 .... > .... > ....이므로

몫이 가장 큰 나눗셈식은 .... ÷ .... = ...입니다.

❹ 답을 쓰세요.

몫이 가장 큰 나눗셈식은 ....입니다.

4

수 카드 4장 중 3장을 사용하여
몫이 가장 작은 나눗셈식을 만들고 계산하세요.

  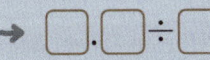

문제읽고

❶ 구하는 것에 밑줄 치고, 주어진 것에 ○표 하세요.

❷ 몫이 가장 작은 나눗셈식은 어떻게 만들어야 하나요?

나누어지는 수가 (클수록 , 작을수록),

나누는 수가 (클수록 , 작을수록) 나눗셈의 몫은 작아집니다.

풀이쓰고

❸ 몫이 가장 작은 나눗셈식을 만들고 계산하세요.

수 카드의 수를 작은 수부터 차례로 쓰면 .... < .... < .... < ....이므로

몫이 가장 작은 나눗셈식은 [.] ÷ .... = ...입니다.

❹ 답을 쓰세요.

몫이 가장 작은 나눗셈식은 ....입니다.

1 수 카드 3장 중 2장을 사용하여 몫이 가장 작은 나눗셈식을 만들고 계산하세요.

6   4   3   →   □÷□

문제읽기 CHECK

☐ 구하는 것에 밑줄, 주어진 것에 ○표!

☐ 몫이 가장 작은 나눗셈식을 만들려면?
• 나누어지는 수 : 가장 (큰 , 작은) 수
• 나누는 수 : 가장 (큰 , 작은) 수

풀이 수 카드의 수를 작은 수부터 차례로 쓰면

.... < .... < .... 이므로

몫이 가장 작은 나눗셈식은

가장 작은 수인 ....을 나누어지는 수로,

가장 큰 수인 ....을 나누는 수로 하여 만듭니다.

➡ .... ÷ .... = ...

답 ....

2 수 카드 2 , 5 , 7 , 8 중 2장을 골라 한 번씩 사용하여 만들 수 있는 가장 큰 두 자리 수를 가장 작은 두 자리 수로 나누었을 때 몫은 얼마인지 구하세요.

문제읽기 CHECK

☐ 구하는 것에 밑줄, 주어진 것에 ○표!

☐ 수 카드의 수를 큰 수부터 차례로 쓰면?
.... > .... > .... > ....

풀이 ❶ 가장 큰 두 자리 수, 가장 작은 두 자리 수를 각각 만드세요.

가장 큰 두 자리 수 : ☐☐

가장 작은 두 자리 수 : ☐☐

❷ ❶에서 만든 가장 큰 두 자리 수를 가장 작은 두 자리 수로 나누었을 때 몫은 얼마인지 소수로 나타내세요.

답 ....

3 수 카드 $\boxed{9}$, $\boxed{4}$, $\boxed{3}$, $\boxed{2}$ 중 3장을 골라 한 번씩 사용하여 만들 수 있는 가장 작은 소수 한 자리 수를 남은 수 카드의 수로 나누었을 때 몫은 얼마인지 구하세요.

문제읽기 CHECK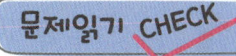

☐ 구하는 것에 밑줄, 주어진 것에 ○표!

☐ 수 카드의 수를 작은 수부터 차례로 쓰면?

< < <

풀이 ❶ 가장 작은 소수 한 자리 수를 만드세요.

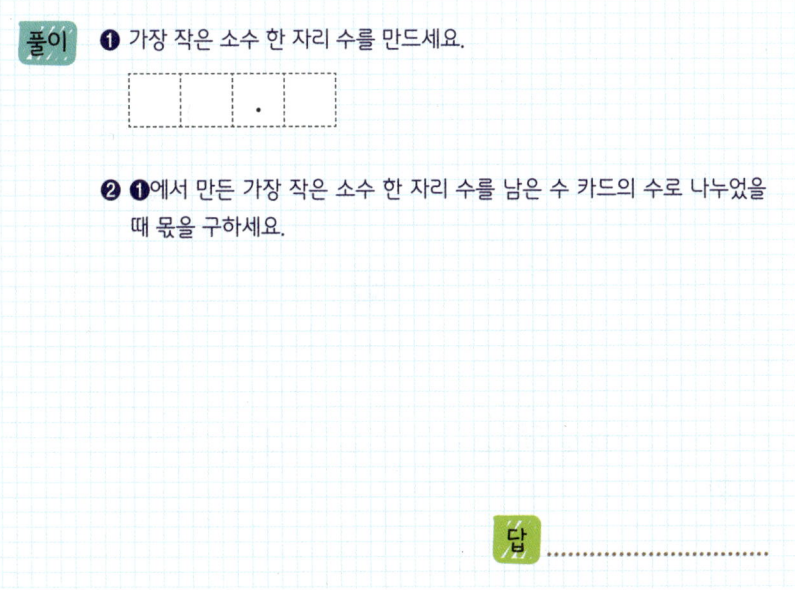

❷ ❶에서 만든 가장 작은 소수 한 자리 수를 남은 수 카드의 수로 나누었을 때 몫을 구하세요.

수 카드 **3장**으로 소수 한 자리 수를 만들어야 해!

답 ....

4 수 카드 4장을 모두 사용하여 몫이 가장 큰 (소수 두 자리 수) ÷ (한 자리 수)를 만들고 계산하세요.

$\boxed{6}$ $\boxed{2}$ $\boxed{7}$ $\boxed{4}$

문제읽기 CHECK

☐ 구하는 것에 밑줄, 주어진 것에 ○표!

☐ 수 카드의 수를 큰 수부터 차례로 쓰면?

> > >

☐ 몫이 가장 큰 나눗셈식을 만들려면?
• 나누어지는 수 : 가장 (큰 , 작은) 수
• 나누는 수 : 가장 (큰 , 작은) 수

풀이 ❶ 몫이 가장 큰 (소수 두 자리 수)÷(한 자리 수)를 만드세요.

❷ ❶에서 만든 나눗셈식을 계산하세요.

답 ....

문장제 서술형 평가

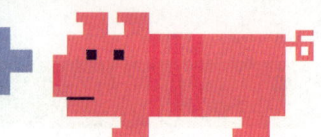

1 학교 놀이터 옆에 있는 두 나무의 높이는 3.3 m와 2 m입니다. 키가 큰 나무의 높이는 키가 작은 나무의 높이의 몇 배인가요? **(5점)**

 풀이

 답

2 어느 열차가 5시간 동안 390.5 km를 달렸습니다. 이 열차가 1시간 동안 달린 거리는 몇 km인가요? **(5점)**

 풀이

 답

3 양초가 일정한 빠르기로 9분 동안 2.43 cm만큼 탔습니다. 이 양초가 4분 동안 탄 길이는 몇 cm인가요? **(6점)**

 풀이

답

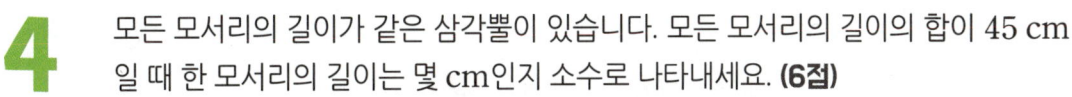

4 모든 모서리의 길이가 같은 삼각뿔이 있습니다. 모든 모서리의 길이의 합이 45 cm 일 때 한 모서리의 길이는 몇 cm인지 소수로 나타내세요. **(6점)**

 풀이

 답

5 공책이 한 묶음에 5권이고, 공책 3묶음의 무게가 1.05 kg입니다. 공책 한 권의 무 게는 몇 kg인가요? (공책은 모두 같은 공책입니다.) **(6점)**

 풀이

답 ....

6 3.36 L짜리 음료수를 컵 8개에 똑같이 나누어 담았습니다. 장훈이는 그중 컵 한 개를 골라 100 mL를 마셨습니다. 장훈이가 마시고 남은 음료수는 몇 L인가요? **(7점)**

 풀이

 답

7 수 카드 4장 중 2장을 사용하여 몫이 가장 작은 나눗셈식을 만들고 계산하세요. **(8점)**

풀이

답 ....

8 어떤 소수를 4로 나누어야 할 것을 잘못하여 곱했더니 5.76이 되었습니다. 바르게 계산하면 얼마인가요? **(8점)**

풀이

답 ....

아기 달팽이야, 어디 있니?

아기 달팽이에게 가는 길을 찾아 선으로 이어 주세요.

거리의 나무마다 울긋불긋 단풍이 들었어요.
엄마 달팽이는 단풍을 구경하다가 아기 달팽이를 잃어버리고 말았어요.
아기 달팽이는 어디 있을까요? 선을 그려 길을 찾아 주세요.

▶ 쉬어가기 정답은 124쪽에 있습니다.

4 비와 비율

어떻게 공부할까요?

계획대로 공부했나요?
스스로 평가하여
알맞은 표정에 색칠하세요.

교재 날짜	공부할 내용	공부한 날짜	스스로 평가
19일	개념 확인하기	/	😄 🙂 😮
20일	비로 나타내기	/	😄 🙂 😮
21일	비율 구하기	/	😄 🙂 😮
22일	백분율 구하기	/	😄 🙂 😮
23일	문장제 서술형 평가	/	😄 🙂 😮

500원짜리 사탕을
할인하여 400원에
팔고 있어.

할인율은
몇 %일까?

무엇을 배울까요?

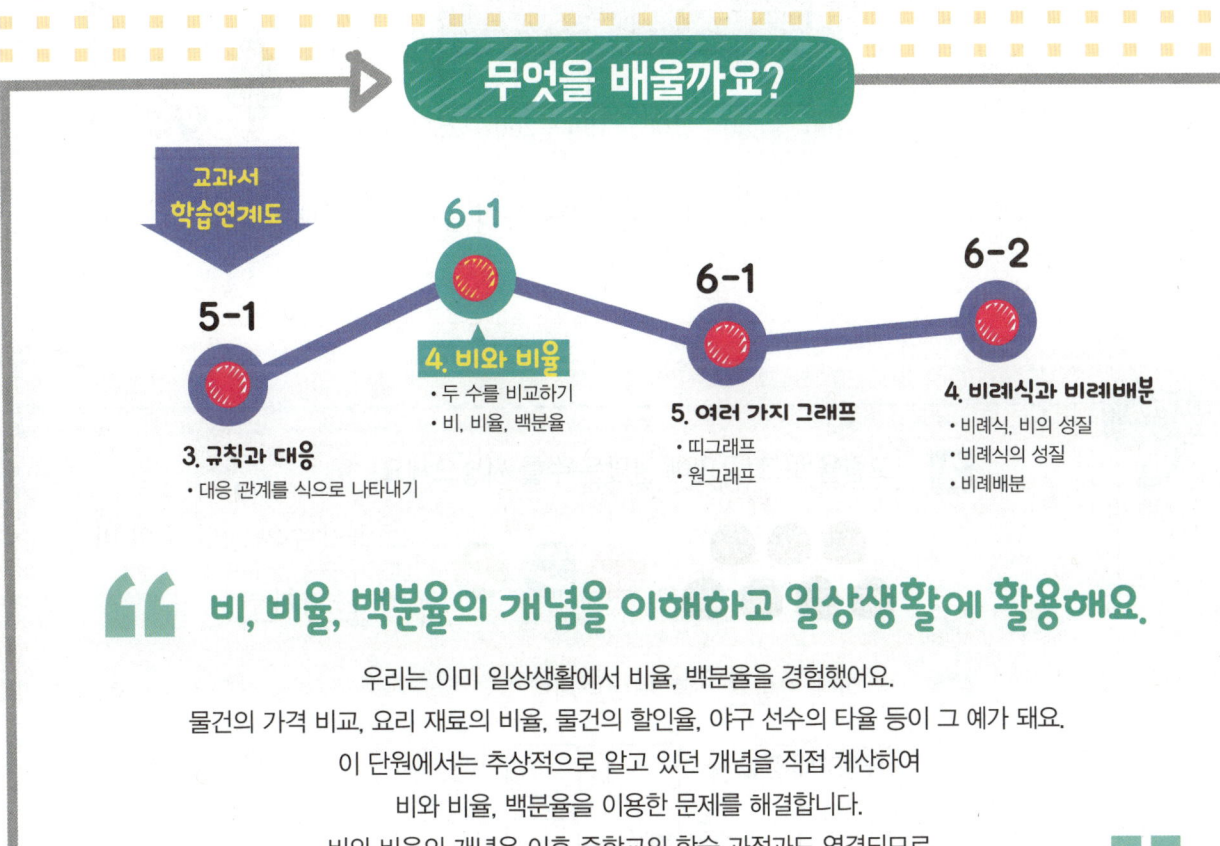

교과서
학습연계도

5-1
3. 규칙과 대응
• 대응 관계를 식으로 나타내기

6-1
4. 비와 비율
• 두 수를 비교하기
• 비, 비율, 백분율

6-1
5. 여러 가지 그래프
• 띠그래프
• 원그래프

6-2
4. 비례식과 비례배분
• 비례식, 비의 성질
• 비례식의 성질
• 비례배분

" 비, 비율, 백분율의 개념을 이해하고 일상생활에 활용해요.

우리는 이미 일상생활에서 비율, 백분율을 경험했어요.
물건의 가격 비교, 요리 재료의 비율, 물건의 할인율, 야구 선수의 타율 등이 그 예가 돼요.
이 단원에서는 추상적으로 알고 있던 개념을 직접 계산하여
비와 비율, 백분율을 이용한 문제를 해결합니다.
비와 비율의 개념은 이후 중학교의 학습 과정과도 연결되므로
잘 익혀두어야 해요. "

두 수 비교하기

1 강아지 수와 고양이 수를 뺄셈과 나눗셈으로 비교하세요.

뺄셈 5－2＝ .... 이므로 강아지가 고양이보다 .... 마리 더 많습니다.

나눗셈 5÷2＝$\dfrac{\square}{\square}$ 이므로 강아지 수는 고양이 수의 $\dfrac{\square}{\square}$ 배입니다.

2 가로등의 높이는 250 cm이고, 나무의 높이는 200 cm입니다. 가로등의 높이와 나무의 높이만큼 나타내고, 두 높이를 비교하세요.

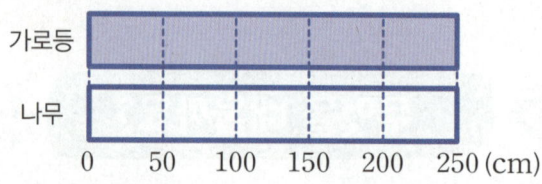

→ 나무의 높이는 가로등의 높이의 $\dfrac{\square}{\square}$ 배입니다.

비

3 그림을 보고 □ 안에 알맞은 수를 써넣으세요.

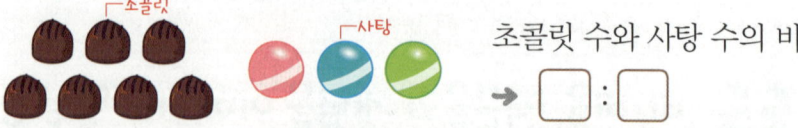

초콜릿 수와 사탕 수의 비
→ $\square$: $\square$

4 □ 안에 알맞은 수를 써넣으세요.

(1) 35 대 24 → $\square$: $\square$

(2) 6의 17에 대한 비 → $\square$: $\square$

(3) 10에 대한 11의 비 → $\square$: $\square$

 **비율**

5 전체에 대한 색칠한 부분의 비율이 $\frac{5}{9}$가 되도록 색칠하세요.

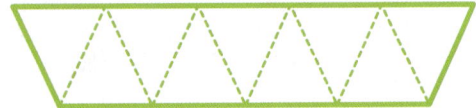

6 바구니에 인형이 20개 있습니다. 그중 토끼 인형은 8개, 곰 인형은 12개입니다. 비교하는 양과 기준량을 찾아 수로 쓰고, 비율을 구하세요.

비	비교하는 양	기준량	비율	
			분수	소수
전체 인형 수에 대한 토끼 인형 수의 비		20		
토끼 인형 수에 대한 곰 인형 수의 비				

 **백분율**

7 그림을 보고 전체에 대한 색칠한 부분의 비율을 백분율로 나타내세요.

(1)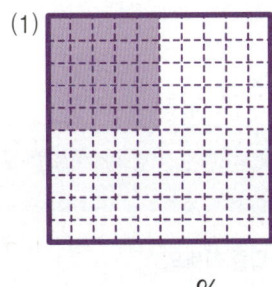

(2)

.... %   .... %

8 빈칸에 알맞은 수를 써넣으세요.

분수	소수	백분율 (%)
$\frac{59}{100}$	0.59	
	0.06	
$\frac{5}{4}$		

비로 나타내기

대표 문제

1

재혁이는 용돈을 받으면 저금합니다.
오늘 용돈 5000원을 받아서 3000원을 저금하였습니다.
저금한 금액과 용돈 금액의 비를 쓰세요.

문제읽고

❶ 무엇을 구하는 문제인가요? 구하는 것에 밑줄 치세요.
❷ 주어진 것은 무엇인가요? ○표 하고 답하세요.

용돈 : ....원, 저금 : ....원

기준

3 : 2
3과 2의 비
3의 2에 대한 비
2에 대한 3의 비

풀이쓰고

❸ 저금한 금액과 용돈 금액의 비를 쓰세요.

저금한 금액과 용돈 금액의 비에서 기준량은 .... 금액이므로

(저금한 금액) : (용돈 금액) = ... : ....

❹ 답을 쓰세요.

저금한 금액과 용돈 금액의 비는 ....입니다.

한번 더 OK

2

화단을 오른쪽과 같이 똑같이 9칸으로 나누어
4칸에 튤립 모종을 심었습니다.
전체 화단에 대한 튤립 모종을 심은 부분의 비를
쓰세요.

문제읽고

❶ 무엇을 구하는 문제인가요? 구하는 것에 밑줄 치세요.
❷ 주어진 것은 무엇인가요? ○표 하고 답하세요.

화단을 똑같이 나눈 부분 : ....칸, 튤립 모종을 심은 부분 : ....칸

풀이쓰고

❸ 전체 화단에 대한 튤립 모종을 심은 부분의 비를 쓰세요.

전체 화단에 대한 튤립 모종을 심은 부분의 비에서

기준량은 ....이므로

(튤립 모종을 심은 부분의 칸수) : (전체 화단을 똑같이 나눈 부분의 칸수)

= .... : ....

❹ 답을 쓰세요.

전체 화단에 대한 튤립 모종을 심은 부분의 비는 ....입니다.

대표문제

3

연주네 학교의 (남학생은 91명,) (여학생은 65명입니다.)
전체 학생 수에 대한 여학생 수의 비를 쓰세요.

문제읽고

❶ 무엇을 구하는 문제인가요? 구하는 것에 밑줄 치세요.
❷ 주어진 것은 무엇인가요? ○표 하고 답하세요.

남학생 수 : ....명, 여학생 수 : ....명

풀이쓰고

❸ 전체 학생 수를 구하세요.

(전체 학생 수) = (남학생 수) (+ , −) (여학생 수)

= .... = ...(명)

❹ 전체 학생 수에 대한 여학생 수의 비를 쓰세요.

전체 학생 수에 대한 여학생 수의 비에서 기준량은 .... 수이므로

(여학생 수) : (전체 학생 수) = ... : ....

❺ 답을 쓰세요.   전체 학생 수에 대한 여학생 수의 비는 .... 입니다.

한번 더 OK

4

빨간색 물감과 노란색 물감을 섞어서 주황색 물감 45 mL를 만들었습니다.
빨간색 물감 21 mL를 사용했다면
빨간색 물감 양과 노란색 물감 양의 비를 쓰세요.

문제읽고

❶ 무엇을 구하는 문제인가요? 구하는 것에 밑줄 치세요.
❷ 주어진 것은 무엇인가요? ○표 하고 답하세요.

만든 주황색 물감 양 : .... mL, 사용한 빨간색 물감 양 : .... mL

풀이쓰고

❸ 사용한 노란색 물감 양을 구하세요.

(노란색 물감 양) = (주황색 물감 양) (+ , −) (빨간색 물감 양)

= .... = ... (mL)

❹ 빨간색 물감 양과 노란색 물감 양의 비를 쓰세요.

빨간색 물감 양과 노란색 물감 양의 비에서 기준량은 .... 물감 양이므로

(..................... 물감 양) : (노란색 물감 양) = ... : ....

❺ 답을 쓰세요.   빨간색 물감 양과 노란색 물감 양의 비는 .... 입니다.

1 혜주네 집에서부터 학교까지 거리는 300 m이고, 장난감 가게는 혜주네 집에서 170 m 떨어진 거리에 있습니다. 혜주네 집에서부터 장난감 가게까지 거리와 장난감 가게에서부터 학교까지 거리의 비를 쓰세요.

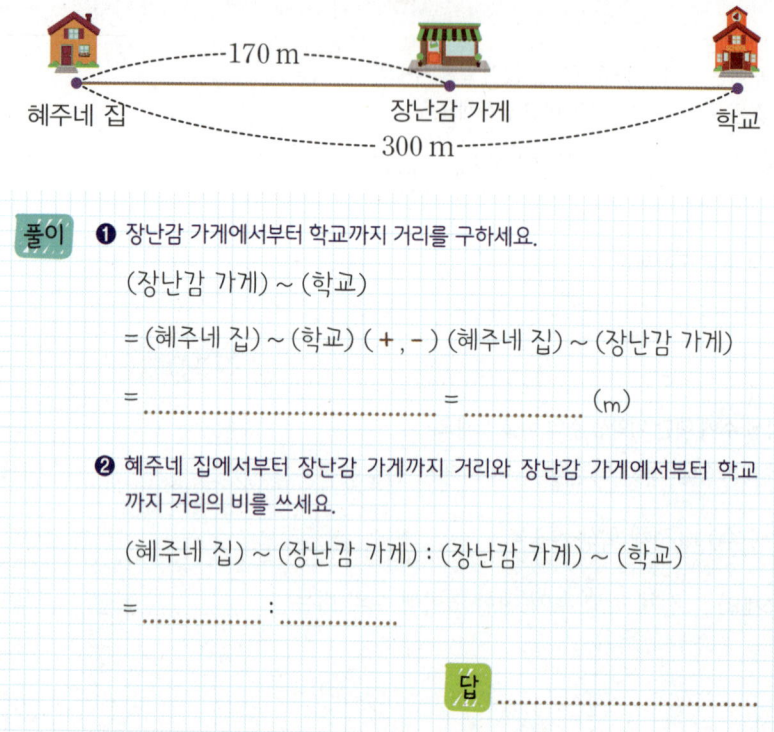

```
--------170 m--------
혜주네 집      장난감 가게        학교
--------300 m--------
```

풀이

❶ 장난감 가게에서부터 학교까지 거리를 구하세요.

(장난감 가게) ~ (학교)

= (혜주네 집) ~ (학교) (+ , -) (혜주네 집) ~ (장난감 가게)

= .... = ... (m)

❷ 혜주네 집에서부터 장난감 가게까지 거리와 장난감 가게에서부터 학교까지 거리의 비를 쓰세요.

(혜주네 집) ~ (장난감 가게) : (장난감 가게) ~ (학교)

= .... : ....

답 ....

문제읽기 CHECK

☐ 구하는 것에 밑줄, 주어진 것에 ○표!

☐ (혜주네 집)~(학교)는?
.... m

☐ (혜주네 집)~(장난감 가게)는?
.... m

☐ ▲와 ●의 비에서 기준량은?
....

---

2 빵집에서 단팥빵을 어제는 150개 팔았고, 오늘은 어제보다 25개 더 많이 팔았습니다. 어제 판 단팥빵 수의 오늘 판 단팥빵 수에 대한 비를 쓰세요.

풀이

❶ 오늘 판 단팥빵 수를 구하세요.

❷ 어제 판 단팥빵 수의 오늘 판 단팥빵 수에 대한 비를 쓰세요.

답 ....

문제읽기 CHECK

☐ 구하는 것에 밑줄, 주어진 것에 ○표!

☐ 어제 판 단팥빵 수는?
.... 개

☐ 오늘 판 단팥빵 수는?
어제보다 .... 개 더 많이 팔았다.

☐ ▲의 ●에 대한 비에서 기준량은?
....

3 우재는 구슬 60개 중에서 21개를 파란색 주머니에 넣고 나머지는 보라색 주머니에 넣었습니다. 전체 구슬 수에 대한 보라색 주머니에 넣은 구슬 수의 비를 쓰세요.

문제읽기 CHECK ✓

☐ 구하는 것에 밑줄, 주어진 것에 ○표!

☐ 전체 구슬 수는?
.... 개

☐ 파란색 주머니에 넣은 구슬 수는?
.... 개

☐ ▲에 대한 ●의 비에서 기준량은?
....

풀이 ❶ 보라색 주머니에 넣은 구슬 수를 구하세요.

❷ 전체 구슬 수에 대한 보라색 주머니에 넣은 구슬 수의 비를 쓰세요.

답 ....

도전!

4 가로가 6 cm이고 세로가 5 cm인 직사각형의 세로와 둘레의 비를 쓰세요.

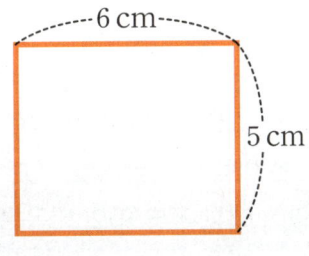

문제읽기 CHECK ✓

☐ 구하는 것에 밑줄, 주어진 것에 ○표!

☐ 직사각형의 가로는?
.... cm

☐ 직사각형의 세로는?
.... cm

풀이 ❶ 직사각형의 둘레를 구하세요.

❷ 직사각형의 세로와 둘레의 비를 쓰세요.

답 ....

21 DAY 비율 구하기

대표 문제

1

오른쪽 동화책에서
긴 쪽의 길이에 대한 짧은 쪽의 길이의 비율을
분수로 나타내세요.

260 mm

185 mm

문제읽고

❶ 무엇을 구하는 문제인가요? 구하는 것에 밑줄 치세요.

❷ 주어진 것은 무엇인가요? ○표 하고 답하세요.

긴 쪽의 길이 : .... mm, 짧은 쪽의 길이 : .... mm

풀이쓰고

❸ 동화책의 긴 쪽의 길이에 대한 짧은 쪽의 길이의 비율을 분수로 나타내세요.

동화책의 긴 쪽의 길이에 대한 짧은 쪽의 길이의 비와 비율을 구하면

비   .... : ....

비율 $\dfrac{\boxed{}}{\boxed{}} = \dfrac{\boxed{}}{\boxed{}}$

기약분수

❹ 답을 쓰세요.

긴 쪽의 길이에 대한 짧은 쪽의 길이의 비율을 분수로 나타내면 .... 입니다.

기약분수의 형태로 쓰지 않아도 정답입니다.

한번 더 OK

2

같은 크기의 컵으로 그릇에 밀가루 20컵과 우유 7컵을 넣어
컵케이크를 만들려고 합니다.
밀가루 양에 대한 우유 양의 비율을 소수로 나타내세요.

문제읽고

❶ 무엇을 구하는 문제인가요? 구하는 것에 밑줄 치세요.

❷ 주어진 것은 무엇인가요? ○표 하고 답하세요.

밀가루 양 : .... 컵, 우유 양 : .... 컵

풀이쓰고

❸ 밀가루 양에 대한 우유 양의 비율을 소수로 나타내세요.

밀가루 양에 대한 우유 양의 비와 비율을 구하면

비   .... : ....

비율 $\dfrac{\boxed{}}{\boxed{}} = \dfrac{\boxed{}}{100} = $ ....

소수

❹ 답을 쓰세요.

밀가루 양에 대한 우유 양의 비율을 소수로 나타내면 .... 입니다.

광역버스 : 2개 이상의 시 · 도를 통과하는 노선으로 장거리를 운행하는 형태의 버스.
공항버스 : 공항을 기점으로 하여 해당 목적지까지 빠르게 연결하는 버스.

대표 문제

3

광역버스는 270 km를 가는 데 3시간이 걸렸고,
공항버스는 380 km를 가는 데 4시간이 걸렸습니다.
두 버스의 걸린 시간에 대한 간 거리의 비율을 각각 구하여
어느 버스가 더 빠른지 구하세요.

문제읽고

❶ 무엇을 구하는 문제인가요? 구하는 것에 밑줄 치세요.

❷ 주어진 것은 무엇인가요? ○표 하고 답하세요.

  [광역버스] 간 거리 : .... km, 걸린 시간 : .... 시간

  [공항버스] 간 거리 : .... km, 걸린 시간 : .... 시간

풀이쓰고

❸ 두 버스의 걸린 시간에 대한 간 거리의 비율을 각각 구하세요.

  [광역버스] **비** .... : ....   **비율** $\dfrac{\boxed{}}{\boxed{}}$ = ...

  [공항버스] **비** .... : ....   **비율** $\dfrac{\boxed{}}{\boxed{}}$ = ...

❹ 두 버스의 비율 크기를 비교하여 어느 버스가 더 빠른지 구하세요.

크기를 비교하여 >, <로 나타내자.

  .... ◯ .... 이므로 (**광역버스** , **공항버스**)가 더 빠릅니다.
  광역버스   공항버스

❺ 답을 쓰세요. .... 가 더 빠릅니다.

 **기적 특강**

일상생활에서 비율이 활용되는 상황을 찾아볼까요?

용어가 생소해도 어려워하지 말고 **기준량**과 **비교하는 양**을 찾아 분수 $\dfrac{(비교하는 양)}{(기준량)}$ 으로 나타내자.

걸린 시간에 대한
간 거리의 비율.

단위 연료에 대한
주행 거리의 비율.

실제 거리에 대한
지도에서 거리의 비율.

1 딸기잼을 만드는 데 딸기 580 g과 설탕 400 g을 섞었습니다. 설탕 양에 대한 딸기 양의 비율을 소수로 나타내세요.

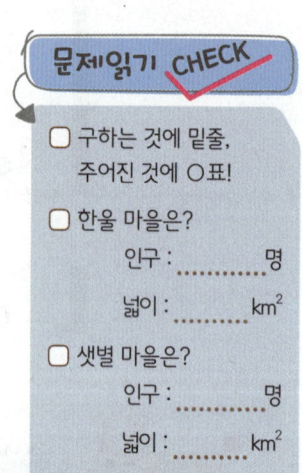

문제읽기 CHECK

☐ 구하는 것에 밑줄,
　주어진 것에 ○표!

☐ 섞은 딸기의 양은?
　............... g

☐ 섞은 설탕의 양은?
　............... g

풀이 설탕 양에 대한 딸기 양의 비는 .... : .... 입니다.

따라서 비율을 소수로 나타내면

$$\frac{\boxed{}}{\boxed{}} = \frac{\boxed{}}{100} = \text{..............} \ \text{입니다.}$$

답 ....

---

2 두 마을의 넓이에 대한 인구의 비율을 각각 구하여 두 마을 중 인구가 더 밀집한 곳은 어디인지 구하세요.

문제읽기 CHECK

☐ 구하는 것에 밑줄,
　주어진 것에 ○표!

☐ 한울 마을은?
　인구 : .... 명
　넓이 : .... km^2

☐ 샛별 마을은?
　인구 : .... 명
　넓이 : .... km^2

마을	한울 마을	샛별 마을
인구(명)	15000	16800
넓이(km^2)	6	7

풀이 ❶ 두 마을의 넓이에 대한 인구의 비율을 각각 구하세요.

❷ 두 마을 중 인구가 더 밀집한 곳은 어디인지 구하세요.

답 ....

3 수련회에서 주혜네 모둠 7명은 10인실을 사용했고, 민규네 모둠 9명은 12인실을 사용했습니다. 두 모둠의 방의 정원에 대한 방을 사용한 사람 수의 비율을 각각 구하여 어느 모둠이 방을 더 넓다고 느꼈을지 구하세요.

문제읽기 CHECK ✓

☐ 구하는 것에 밑줄, 주어진 것에 ○표!

☐ 주혜네 모둠은?
  사람 수 : .... 명
  사용한 방 : .... 인실

☐ 민규네 모둠은?
  사람 수 : .... 명
  사용한 방 : .... 인실

풀이 ❶ 두 모둠의 방의 정원에 대한 방을 사용한 사람 수의 비율을 각각 구하세요.

❷ 어느 모둠이 방을 더 넓다고 느꼈을지 구하세요.

답 ....

분모가 다른 분수 비율의 크기 비교는 소수로 나타내어 비교하면 편해!

도전!

4 효아는 마을 지도를 그렸습니다. 도서관에서부터 주민센터까지 실제 거리는 600 m인데 지도에는 3 cm로 그렸습니다. 도서관에서부터 주민센터까지 실제 거리에 대한 지도에서 거리의 비율을 분수로 나타내세요.

문제읽기 CHECK ✓

☐ 구하는 것에 밑줄, 주어진 것에 ○표!

☐ 도서관에서부터 주민센터까지 실제 거리는?
  .... m

☐ 도서관에서부터 주민센터까지 지도에 그린 거리는?
  .... cm

풀이 ❶ 600 m는 몇 cm인가요?

❷ 도서관에서부터 주민센터까지 실제 거리에 대한 지도에서 거리의 비율을 분수로 나타내세요.

답 ....

백분율 구하기

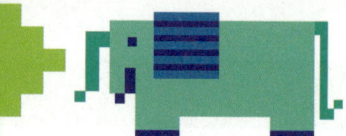

대표문제

1

공장에서 로봇 청소기에 들어가는
부품을 (400개) 만들면 불량품이 (8개) 나온다고 합니다.
전체 부품 수에 대한 불량품 수의 비율을 백분율로 나타내세요.

문제읽고

❶ 무엇을 구하는 문제인가요? 구하는 것에 밑줄 치세요.

❷ 주어진 것은 무엇인가요? ○표 하고 답하세요.

전체 부품 수 : .... 개, 불량품 수 : .... 개

풀이쓰고

❸ 전체 부품 수에 대한 불량품 수의 비율을 백분율로 나타내면 몇 %인지 구하세요.

전체 부품 수에 대한 불량품 수의 비율은 $\dfrac{\boxed{}}{\boxed{}}$ 입니다.

백분율은 기준량이 .... 인 비율이므로

백분율로 나타내면 $\dfrac{\boxed{}}{\boxed{}} \times 100 =$ .... (%)입니다.

❹ 답을 쓰세요.

전체 부품 수에 대한 불량품 수의 비율을 백분율로 나타내면 .... 입니다.

한번 더 OK

2

은솔이는 이번 달에 용돈을 50000원 받았습니다.
그중에서 6500원으로 필통을 샀습니다.
전체 용돈에 대한 필통을 산 금액의 비율은 몇 %인가요?

문제읽고

❶ 무엇을 구하는 문제인가요? 구하는 것에 밑줄 치세요.

❷ 주어진 것은 무엇인가요? ○표 하고 답하세요.

용돈 : .... 원, 필통을 산 금액 : .... 원

풀이쓰고

❸ 전체 용돈에 대한 필통을 산 금액의 비율은 몇 %인지 구하세요.

전체 용돈에 대한 필통을 산 금액의 비율은 $\dfrac{\boxed{}}{\boxed{}}$ 입니다.

따라서 백분율로 나타내면 $\dfrac{\boxed{}}{\boxed{}} \times 100 =$ .... (%)입니다.

❹ 답을 쓰세요. 전체 용돈에 대한 필통을 산 금액의 비율은 .... 입니다.

대표 문제 3

마트에서 마감 세일로
한 개에 ⃝2000원⃝인 사과를 ⃝1700원⃝에 팔고 있습니다.
사과를 몇 % 할인하고 있나요?

문제읽고

❶ 무엇을 구하는 문제인가요? 구하는 것에 밑줄 치세요.

❷ 주어진 것은 무엇인가요? ○표 하고 답하세요.

원래 가격 : .... 원, 판매 가격 : .... 원

풀이쓰고

❸ 사과 한 개를 살 때 할인 금액은 얼마인지 구하세요.

(할인 금액) = (원래 가격) (+ , −) (판매 가격)

= .... = ...(원)

❹ 몇 % 할인하고 있는지 구하세요.

원래 가격에 대한 할인 금액의 비율은 ☐/☐ 입니다.

따라서 백분율로 나타내면 ☐/☐ × 100 = ... (%)입니다.

❺ 답을 쓰세요. 사과를 .... 할인하고 있습니다.

기적 특강

일상생활에서 백분율은 어떻게 사용되고 있을까요?

판매율, 할인율, 성공률, 투표율, 찬성률, 진하기 등 우리 주변에서 만날 수 있는 백분율의 이름은 다양해요. 그렇지만 백분율은 비율(기준량에 대한 비교하는 양의 크기)에 100을 곱해서 나온 값에 기호 %를 붙이면 구할 수 있답니다.

전체 물건 수에 대한 팔린 물건 수의 비율을 백분율로 표현!

원래 가격에 대한 할인 금액의 비율을 백분율로 표현!

소금물(용액)에 대한 소금(용질)의 비율을 백분율로 표현!

판매율   할인율   진하기

1 진호네 학교에서 전교 학생 회장 선거를 하였습니다. 투표에 800명이 참여하여 진호가 456표를 얻었습니다. 진호의 득표율은 몇 %인가요?

풀이 투표에 참여한 학생 수에 대한 진호가 얻은 득표수의 비율은

$$\frac{\boxed{}}{\boxed{}}$$ 입니다.

따라서 진호의 득표율은

$$\frac{\boxed{}}{\boxed{}} \times 100 = \text{............} \ (\%) \text{입니다.}$$

답 ....

문제읽기 CHECK

☐ 구하는 것에 밑줄, 주어진 것에 ○표!
☐ 투표에 참여한 학생 수 는?
.... 명
☐ 진호의 득표수는?
.... 표

2 신우와 하은이는 다음과 같은 방법으로 레몬주스를 만들었습니다. 두 사람이 만든 레몬주스 양에 대한 레몬 농축액 양의 비율을 백분율로 각각 나타내어 누가 만든 레몬주스가 더 진한지 구하세요.

신우 나는 물에 레몬 농축액 95 mL를 넣어 레몬주스 500 mL를 만들었어.

난 물에 레몬 농축액 90 mL를 넣어 레몬주스 450 mL를 만들었는데. 하은

풀이 ❶ 두 사람이 만든 레몬주스 양에 대한 레몬 농축액 양의 비율을 백분율로 각각 나타내세요.

❷ 누가 만든 레몬주스가 더 진한지 구하세요.

답 ....

문제읽기 CHECK

☐ 구하는 것에 밑줄, 주어진 것에 ○표!
☐ 신우의 레몬주스는?
레몬 농축액 : .... mL
레몬주스 : 500 mL
☐ 하은이의 레몬주스는?
레몬 농축액 : .... mL
레몬주스 : .... mL

3 가격이 30000원인 가방을 ㉮ 상점에서는 25 % 할인하여 판매하고, ㉯ 상점에서는 할인하여 23400원에 판매하고 있습니다. 어느 상점에서 가방을 더 싸게 살 수 있나요?

문제읽기 CHECK ✓

☐ 구하는 것에 밑줄, 주어진 것에 〇표!

☐ 가방의 가격은?
...................원

☐ ㉮ 상점의 할인율은?
...................%

☐ ㉯ 상점의 판매 가격은?
...................원

☐ 할인율과 판매 가격의 관계는?
할인율이
(높을수록 , 낮을수록)
더 싸게 살 수 있다.

풀이 ❶ ㉯ 상점의 할인율은 몇 %인지 구하세요.

❷ 어느 상점에서 가방을 더 싸게 살 수 있는지 구하세요.

답 ....

도전!

4 학교 앞 문구점에서는 도매상에서 한 권에 800원 하는 공책을 사 와서 920원에 팔았습니다. 공책 한 권을 도매상보다 몇 % 더 비싸게 팔았나요?

문제읽기 CHECK ✓

☐ 구하는 것에 밑줄, 주어진 것에 〇표!

☐ 도매상에서 사 온 가격은?
...................원

☐ 문구점에서 판 가격은?
...................원

풀이 ❶ 문구점에서 파는 가격은 도매상에서 사 온 가격보다 얼마나 더 비싼가요?

❷ 공책 한 권을 도매상보다 몇 % 더 비싸게 팔았는지 구하세요.

기준량은 도매상에서 사 온 가격이고, 비교하는 양은 문구점에서 더 비싸게 판 가격이야.

답 ....

문장제 서술형 평가

1 명진이네 반 학생은 24명이고, 그중 여학생은 11명입니다. 전체 학생 수에 대한 남학생 수의 비를 쓰세요. **(5점)**

풀이

답 ·······························

2 다은이의 키는 155 cm입니다. 어느 시각에 다은이의 그림자 길이를 재었더니 124 cm였습니다. 다은이의 키에 대한 그림자 길이의 비율을 기약분수로 나타내세요. **(5점)**

풀이

답 ·······························

3 선균이는 농구공 던져 넣기 연습을 했습니다. 공을 350번 던져서 238번을 넣었습습니다. 선균이의 성공률은 몇 %인가요? **(6점)**

풀이

답 ·······························

4 어느 회사의 필기시험에서 작년에는 지원자 3000명 중에서 1800명이 합격했고, 올해는 지원자 4000명 중에서 2200명이 합격했습니다. 언제 합격률이 더 좋은지 구하세요. **(6점)**

풀이

답

5 지훈이는 전자 지도에서 거리가 1 cm이면 실제 거리는 500 m가 되도록 크기 조절을 하였습니다. 실제 거리에 대한 전자 지도에서 거리의 비를 쓰세요. **(6점)**

풀이

답

6 생활용품점에서 지난달에 5켤레를 묶어서 6000원에 팔던 양말을 이번 달에는 3켤레를 묶어서 3780원에 판매한다고 합니다. 양말 1켤레의 판매 가격을 지난달에 비해 이번 달에는 몇 % 인상 또는 인하했는지 쓰세요. **(7점)**

풀이

답

7 기준량이 비교하는 양보다 작은 비율 카드를 들고 있는 사람을 모두 찾아 이름을 쓰세요. **(7점)**

| 130 % | $\frac{8}{10}$ | 0.95 | $\frac{10}{3}$ |
| 유정 | 다율 | 빛나 | 지호 |

풀이

답 ....

8 범준이와 소영이는 취미로 피아노 연습을 합니다. 전체 취미 활동 시간에 대한 피아노 연습 시간의 비율이 더 높은 사람의 이름을 쓰세요. **(8점)**

	취미 활동 시간	피아노 연습 시간
범준	2시간	1시간 20분
소영	3시간	2시간 30분

풀이

답 ....

완성 모빌을 보고
필요한 두 조각을 찾아주세요.

엄마가 동생을 낳았어요.
동생 침대 위에 모빌을 만들어 주려고 해요.
8개의 모빌 조각 중에서 두 조각을 합쳐서 완성해 봐요.

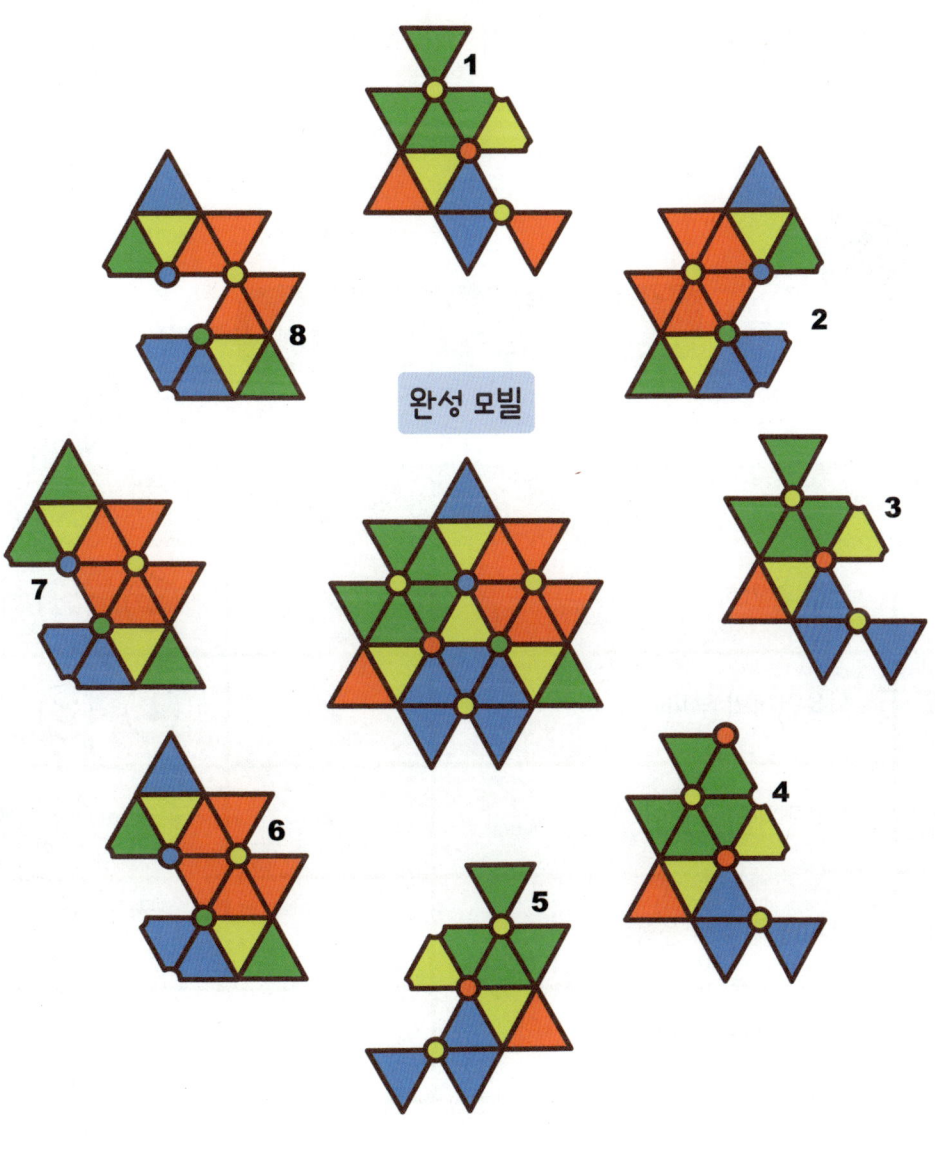

완성 모빌

▶ 쉬어가기 정답은 124쪽에 있습니다.

5 직육면체의 부피와 겉넓이

어떻게 공부할까요?

계획대로 공부했나요? 스스로 평가하여 알맞은 표정에 색칠하세요.

교재 날짜	공부할 내용	공부한 날짜	스스로 평가		
24일	개념 확인하기	/	☺	☺	☺
25일	직육면체의 부피	/	☺	☺	☺
26일	직육면체의 겉넓이	/	☺	☺	☺
27일	부피와 겉넓이 응용	/	☺	☺	☺
28일	문장제 서술형 평가	/	☺	☺	☺

과자 상자의
부피와 겉넓이를
구할 수 있다고?

무엇을 배울까요?

교과서
학습연계도

5-1

6. 다각형의 둘레와 넓이
· 평면도형의 둘레
· 평면도형의 넓이
· 1 cm², 1 m²

5-2

5. 직육면체
· 직육면체, 정육면체
· 겨냥도, 전개도

6-1

6. 직육면체의
부피와 겉넓이
· 부피의 단위
· 직육면체의 부피
· 직육면체의 겉넓이

6-2

3. 공간과 입체
· 쌓기나무

" ## 개념과 방법을 단순히 외우지 말고 이해해요. "

3차원 공간인 우리 주위에는 평면으로만 이루어진 물건들도 있지만 상자 등의 입체 모양도 많이 있어요.
이런 물건들의 부피, 겉넓이를 어림할 경우에 유용하게 활용할 수 있는 단원이에요.
부피, 겉넓이를 구하는 공식을 무작정 외우기보다는
개념을 이해하고 왜 이런 식을 만들어서 구해야 하는지 곰곰이 생각하여
문제에 적용한다면 어렵고 계산이 복잡한 단원이지만 충분히 잘할 수 있을 거예요.

개념 확인하기

직육면체의 부피 비교

1 크기가 같은 쌓기나무를 사용하여 두 직육면체의 부피를 비교하고, ○ 안에 >, =, <를 알맞게 써넣으세요.

가

나

가의 부피　○　나의 부피

직육면체의 부피 구하기

2 ☐ 안에 알맞은 수를 써넣으세요.

(1)

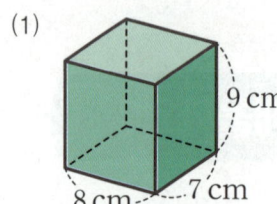

9 cm
8 cm　7 cm

(직육면체의 부피)

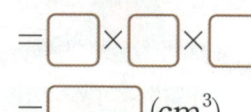

= ☐ × ☐ × ☐

= ☐ (cm³)

(2)

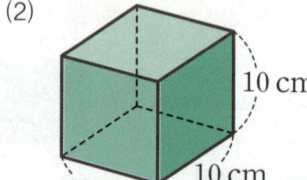

10 cm
10 cm　10 cm

(정육면체의 부피)

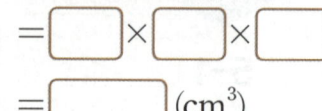

= ☐ × ☐ × ☐

= ☐ (cm³)

cm³와 m³

3 문장을 보고 맞으면 ○표, 틀리면 ×표 하세요.

(1) 한 모서리의 길이가 1 cm인 정육면체의 부피를 1 cm³라 쓰고, 1 세제곱센티미터라고 읽습니다. → ....

(2) 한 모서리의 길이가 1 m인 정육면체의 부피를 1 m³라 쓰고, 1 세제곱미터라고 읽습니다. → ....

(3) 한 모서리의 길이가 1 m인 정육면체를 쌓는 데 부피가 1 cm³인 쌓기나무가 100개 필요합니다. → ....

4 ☐ 안에 알맞은 수를 써넣으세요.

(1)

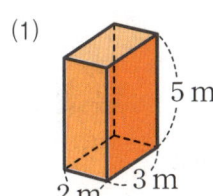

(직육면체의 부피)

$= \boxed{} \times \boxed{} \times \boxed{}$

$= \boxed{}$ (m³)

(2)

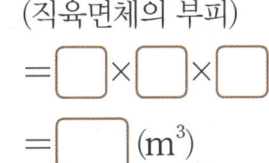

(직육면체의 부피)

$= \boxed{} \times \boxed{} \times \boxed{}$

$= \boxed{}$ (cm³)

$= \boxed{}$ (m³)

직육면체의
겉넓이 구하기

5 직육면체의 겉넓이를 3가지 방법으로 구하세요.

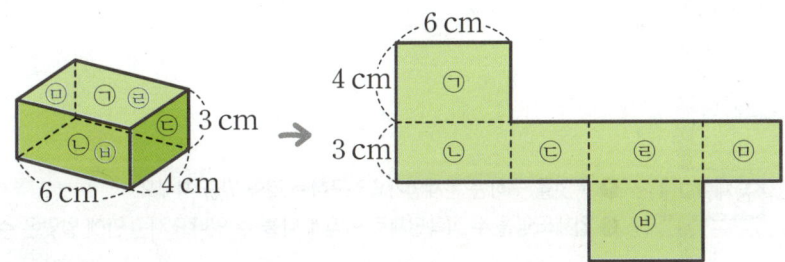

방법1   ㉠＋㉡＋㉢＋㉣＋㉤＋㉥ ← 여섯 면의 넓이의 합

$= \boxed{} + \boxed{} + \boxed{} + \boxed{} + \boxed{} + \boxed{}$

$= \boxed{}$ (cm²)

방법2   (㉠＋㉡＋㉢)×2 ← 한 꼭짓점에서 만나는 세 면의 넓이의 합의 2배

$= (24 + \boxed{} + \boxed{}) \times 2 = \boxed{}$ (cm²)

방법3   ㉠×2＋(㉡＋㉢＋㉣＋㉤) ← 두 밑면의 넓이와 옆면의 넓이의 합

$= 24 \times 2 + 20 \times \boxed{} = \boxed{}$ (cm²)

직육면체의 부피

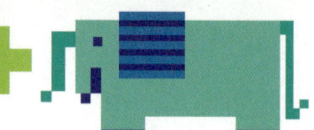

대표문제

1

가로가 20 cm, 세로가 15 cm, 높이가 10 cm인 직육면체 모양의 도시락 통에 음식을 담았습니다.
도시락 통의 부피는 몇 cm³인지 구하세요.

문제읽고

❶ 무엇을 구하는 문제인가요? 구하는 것에 밑줄 치세요.
❷ 주어진 것은 무엇인가요? ○표 하고 답하세요.

도시락 통의 가로 : .... cm, 세로 : .... cm, 높이 : .... cm

풀이쓰고

❸ 도시락 통의 부피는 몇 cm³인지 구하세요.

(도시락 통의 부피) = (가로) × (세로) × (높이)

= .... = ... (cm³)

❹ 답을 쓰세요. 도시락 통의 부피는 .... 입니다.

한단계 UP

2

오른쪽 입체도형의 부피는
몇 cm³인지 구하세요.

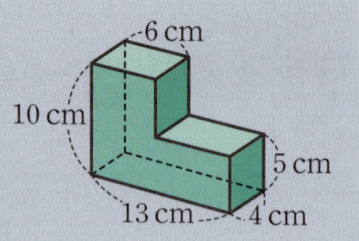

문제읽고

❶ 무엇을 구하는 문제인가요? 구하는 것에 밑줄 치세요.
❷ 입체도형을 두 직육면체로 어떻게 나눌 수 있나요? □ 안에 알맞은 수를 써넣으세요.

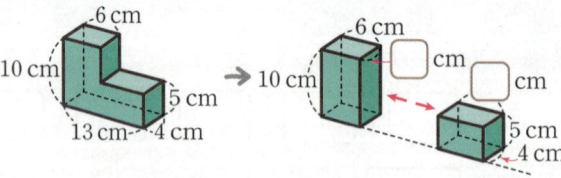

풀이쓰고

❸ 입체도형의 부피는 몇 cm³인지 구하세요.

(입체도형의 부피)

= (직육면체 ㉠의 부피) (+ , −) (직육면체 ㉡의 부피)

= .... (+ , −) ....

= .... (cm³)

❹ 답을 쓰세요. 입체도형의 부피는 .... 입니다.

3

오른쪽 그림은 건호의 물건을 담은
(직육면체)모양의 상자입니다.
상자의 부피는 몇 m³인지 구하세요.

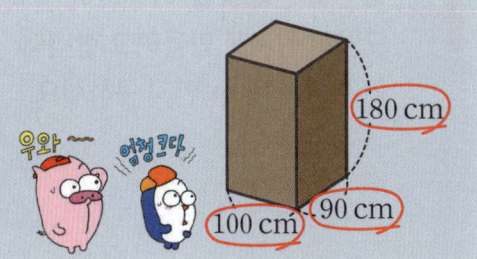

180 cm
100 cm
90 cm

문제읽고

❶ 무엇을 구하는 문제인가요? 구하는 것에 밑줄 치세요.

❷ 주어진 것은 무엇인가요? ○표 하고 답하세요.

상자의 가로 : ....100.... cm, 세로 : .... cm, 높이 : .... cm

풀이쓰고

❸ 상자의 부피는 몇 m³인지 구하세요.

(상자의 부피) = (가로) × (세로) × (높이)

= ....

= .... (cm³) = ... (m³)   [1 m³=1000000 cm³]

❹ 답을 쓰세요.   상자의 부피는 ....입니다.

4

두 직육면체 중에서 부피가 더 큰 것의 기호를 쓰세요.

가   나

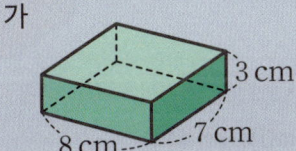

3 cm
8 cm   7 cm

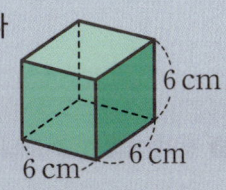

6 cm
6 cm   6 cm

문제읽고

❶ 무엇을 구하는 문제인가요? 구하는 것에 밑줄 치세요.

풀이쓰고

❷ 직육면체 가와 정육면체 나의 부피를 각각 구하세요.

(직육면체 가의 부피) = ... = ... (cm³)

(정육면체 나의 부피) = ... = ... (cm³)

❸ 두 직육면체의 부피를 비교하세요.

.... cm³ ◯ .... cm³이므로 부피가 더 큰 것은 (**가** , **나**)입니다.
가의 부피   나의 부피

❹ 답을 쓰세요.

두 직육면체 중에서 부피가 더 큰 것은 ....입니다.

1 오른쪽 전개도를 이용하여 직육면체 모양의 상자를 만들려고 합니다. 상자의 부피는 몇 m^3인지 구하세요.

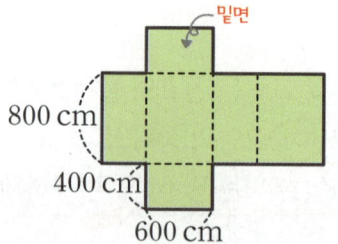

밑면

800 cm

400 cm

600 cm

문제읽기 CHECK

☐ 구하는 것에 밑줄,
   주어진 것에 ○표!

☐ 전개도에서 선분의 길이
   는?

   가로 : 600 cm

   세로 : .... cm

   높이 : .... cm

풀이 600 cm = ... m, 400 cm = ... m, 800 cm = ... m이므로

(상자의 부피) = ...

= .... (m^3)

답 ....

2 모든 모서리의 길이의 합이 60 cm인 정육면체의 부피는 몇 cm^3인지 구하세요.

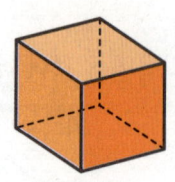

문제읽기 CHECK

☐ 구하는 것에 밑줄,
   주어진 것에 ○표!

☐ 정육면체의 모든 모서리
   의 길이의 합은?

   .... cm

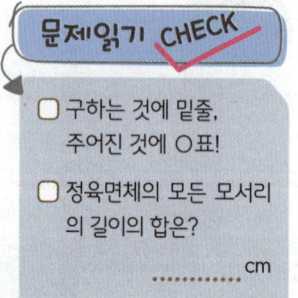

풀이 ❶ 정육면체의 한 모서리의 길이는 몇 cm인지 구하세요.

❷ 정육면체의 부피는 몇 cm^3인지 구하세요.

답 ....

3 오른쪽과 같은 직육면체 모양의 수조에 돌을 완전히 잠기게 넣었더니 물의 높이가 3 cm 늘어났습니다. 이 돌의 부피는 몇 cm³인지 구하세요.

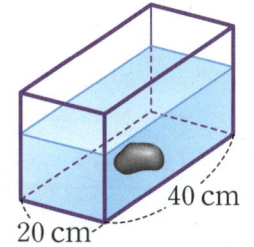

40 cm
20 cm

문제읽기 CHECK ✓

☐ 구하는 것에 밑줄, 주어진 것에 ○표!

☐ 수조 밑면의 길이는?
　가로 :　20　cm
　세로 :　　　cm

☐ 늘어난 물의 높이는?
　　　cm

 풀이

❶ 돌의 부피를 구하려면 무엇을 알아야 하나요? 문장을 완성하세요.

돌의 부피는 늘어난 .... 의 부피와 같습니다.

❷ 돌의 부피는 몇 cm³인지 구하세요.

돌의 부피만큼 물의 부피가 늘어나는구나.

답 ....

도전!

4 가로가 10 cm, 세로가 8 cm, 높이가 10 cm인 직육면체 모양의 스티로폼 일부를 잘라서 오른쪽 그림과 같이 만들었습니다. 이 입체도형의 부피는 몇 cm³인지 구하세요.

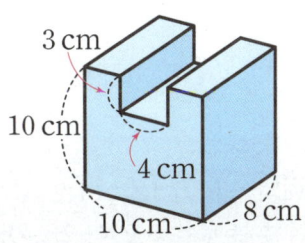

3 cm
10 cm
4 cm
10 cm
8 cm

문제읽기 CHECK ✓

☐ 구하는 것에 밑줄, 주어진 것에 ○표!

☐ 입체도형의 부피를 구하는 방법은?
자르기 전 큰 직육면체의 부피에서 잘라낸 직육면체의 부피를 (더한다 , 뺀다).

 **풀이**

❶ 오른쪽 그림은 자르기 전 큰 직육면체와 잘라낸 직육면체 모양입니다. ☐ 안에 알맞은 수를 써넣으세요.

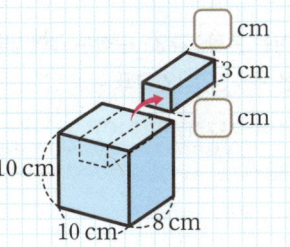

☐ cm
3 cm
☐ cm
10 cm
10 cm
8 cm

❷ 입체도형의 부피는 몇 cm³인지 구하세요.

답 ....

직육면체의 겉넓이

1

오른쪽 전개도를 이용하여
직육면체 모양의 상자를 만들었습니다.
이 상자의 겉넓이는 몇 cm²인지 구하세요.

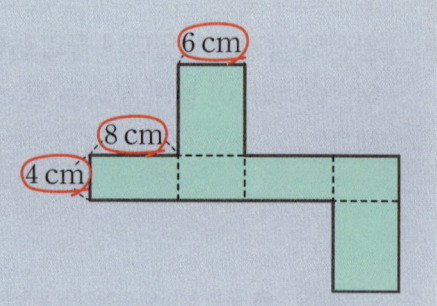

문제읽고

❶ 구하는 것에 밑줄 치고, 주어진 것에 ○표 하세요.
❷ 오른쪽 그림에 두 밑면을 찾아 △표 하고, 옆면을 모두 찾아 색칠하세요.

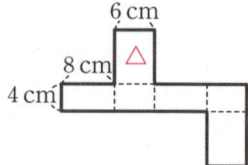

풀이쓰고

❸ 상자의 겉넓이는 몇 cm²인지 구하세요.

(상자의 겉넓이) = (두 밑면의 넓이의 합) + (옆면의 넓이)

= (6 × ....) × 2 + (8 + ... + 8 + ...) × ....

두 밑면은 합동! 옆면의 가로 옆면의 세로

= .... + ... = ... (cm²)

❹ 답을 쓰세요.

상자의 겉넓이는 ....입니다.

한번더 OK

2

한 모서리의 길이가 12 cm인
정육면체 모양의 휴지 갑의 겉넓이는 몇 cm²인지 구하세요.

문제읽고

❶ 무엇을 구하는 문제인가요? 구하는 것에 밑줄 치세요.
❷ 주어진 것은 무엇인가요? ○표 하고 답하세요.

휴지 갑의 한 모서리의 길이 : .... cm

풀이쓰고

❸ 정육면체 모양의 휴지 갑의 겉넓이는 몇 cm²인지 구하세요.

(휴지 갑의 겉넓이) = (한 모서리의 길이) × (한 모서리의 길이) × 6

정육면체는 여섯 면의
넓이가 모두 같습니다.

= ....

= .... (cm²)

❹ 답을 쓰세요.

휴지 갑의 겉넓이는 입니다.

3 오른쪽과 같은 직육면체 모양의 떡을 잘라서 <u>정육면체 모양으로</u> 만들려고 합니다. <u>만들 수 있는 가장 큰 정육면체 모양의 겉넓이는 몇 cm²인지 구하세요.</u>

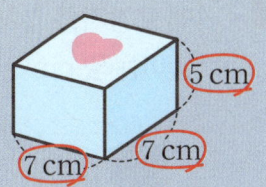

문제읽고 ❶ 구하는 것에 밑줄 치고, 주어진 것에 ○표 하세요.

풀이쓰고 ❷ 가장 큰 정육면체 모양을 만들려면 어떻게 해야 하나요?

정육면체는 가로, 세로, 높이가 모두 ....

➜ 가장 (**긴** , **짧은**) 모서리의 길이를 정육면체의 한 모서리의 길이로 해야 합니다.

❸ 정육면체의 한 모서리의 길이는 몇 cm로 해야 하나요?　......... cm

❹ 만들 수 있는 가장 큰 정육면체 모양의 겉넓이는 몇 cm²인지 구하세요.

(겉넓이) = ... = ... (cm²)

❺ 답을 쓰세요.　만들 수 있는 가장 큰 정육면체 모양의 겉넓이는 .... 입니다.

4 두 직육면체 중에서 어느 직육면체의 겉넓이가 몇 cm² 더 큰지 구하세요.

가

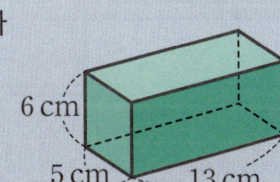

나

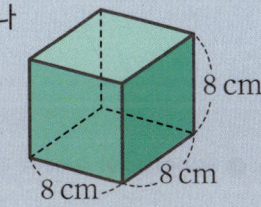

문제읽고 ❶ 무엇을 구하는 문제인가요? 구하는 것에 밑줄 치세요.

풀이쓰고 ❷ 직육면체 가와 정육면체 나의 겉넓이를 각각 구하세요.

(직육면체 가의 겉넓이) = ...

= .... (cm²)

(정육면체 나의 겉넓이) = ... = ... (cm²)

❸ 두 직육면체 중에서 어느 직육면체의 겉넓이가 몇 cm² 더 큰지 구하세요.

직육면체 (**가** , **나**)의 겉넓이가 .... — .... = ... (cm²) 더 큽니다.

❹ 답을 쓰세요.　두 직육면체 중에서 .... 의 겉넓이가 .... 더 큽니다.

1 가로가 12 cm, 세로가 8 cm, 높이가 5 cm인 직육면체 모양의 상자에 포장지를 겹치지 않게 빈틈없이 붙였습니다. 상자에 붙인 포장지의 넓이는 몇 cm²인지 구하세요.

풀이 (포장지의 넓이)

= (직육면체의 겉넓이)

= (여섯 면의 넓이의 합)

= ....

= .... (cm²)

답 ....

문제읽기 CHECK ✓

☐ 구하는 것에 밑줄,
주어진 것에 ○표!

☐ 직육면체의 모서리의 길
이는?

가로 : .... cm

세로 : .... cm

높이 : .... cm

2 오른쪽 전개도를 접었을 때 만들어지는 정육면체의 겉넓이는 몇 cm²인지 구하세요.

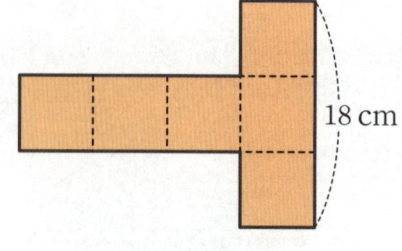

18 cm

문제읽기 CHECK ✓

☐ 구하는 것에 밑줄,
주어진 것에 ○표!

☐ 전개도에서 모서리 3개
의 길이의 합은?

.... cm

풀이 ❶ 정육면체의 한 모서리의 길이는 몇 cm인지 구하세요.

❷ 정육면체의 겉넓이는 몇 cm²인지 구하세요.

답 ....

3 한 면의 둘레가 28 cm인 정육면체의 겉넓이는 몇 cm²인지 구하세요.

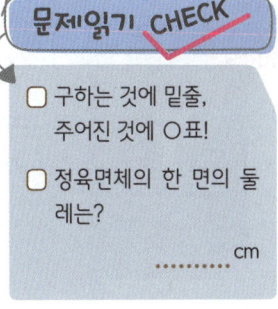

문제읽기 CHECK ✓

☐ 구하는 것에 밑줄,
주어진 것에 ○표!

☐ 정육면체의 한 면의 둘
레는?
.... cm

 풀이 ❶ 정육면체의 한 모서리의 길이는 몇 cm인지 구하세요.

❷ 정육면체의 겉넓이는 몇 cm²인지 구하세요.

답 ....

4 그림과 같이 버터를 똑같이 2조각으로 잘랐습니다. 자른 버터 2조각의 겉넓이의 합은 몇 cm²인지 구하세요.

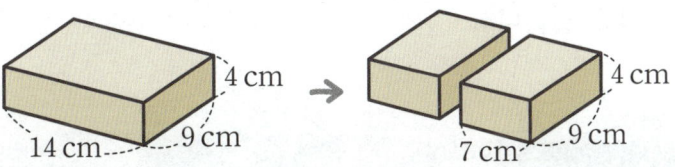

문제읽기 CHECK ✓

☐ 구하는 것에 밑줄,
주어진 것에 ○표!

☐ 처음 버터의 모서리의
길이는?

가로 : __14__ cm

세로 : .... cm

높이 : .... cm

풀이 ❶ 자른 버터 2조각의 겉넓이의 합은 자르기 전 버터의 겉넓이보다 몇 cm² 더
늘어나는지 구하세요.

❷ 자른 버터 2조각의 겉넓이의 합은 몇 cm²인지 구하세요.

답 ....

잘려서 더 생긴 단면만큼
겉넓이가 늘어나겠네.

부피와 겉넓이 응용

대표문제

1

직육면체 모양의
초콜릿 상자의 부피는 616 cm³입니다.
이 초콜릿 상자의 높이는 몇 cm인지 구하세요.

? cm

초콜릿

8 cm   7 cm

문제읽고

❶ 무엇을 구하는 문제인가요? 구하는 것에 밑줄 치세요.

❷ 주어진 것은 무엇인가요? ○표 하고 답하세요.

초콜릿 상자의 부피 : .... cm³, 가로 : .... cm, 세로 : __7__ cm

풀이쓰고

❸ 초콜릿 상자의 높이는 몇 cm인지 구하세요.

(직육면체의 부피) = (가로) × (세로) × (높이)
                    (밑면의 넓이)

➡ (높이) = (직육면체의 부피) (× , ÷) (밑면의 넓이)

= .... = ... (cm)

❹ 답을 쓰세요.

초콜릿 상자의 높이는 ....입니다.

한단계 UP

2

두 직육면체는 부피가 같습니다. ☐ 안에 알맞은 수를 구하세요.

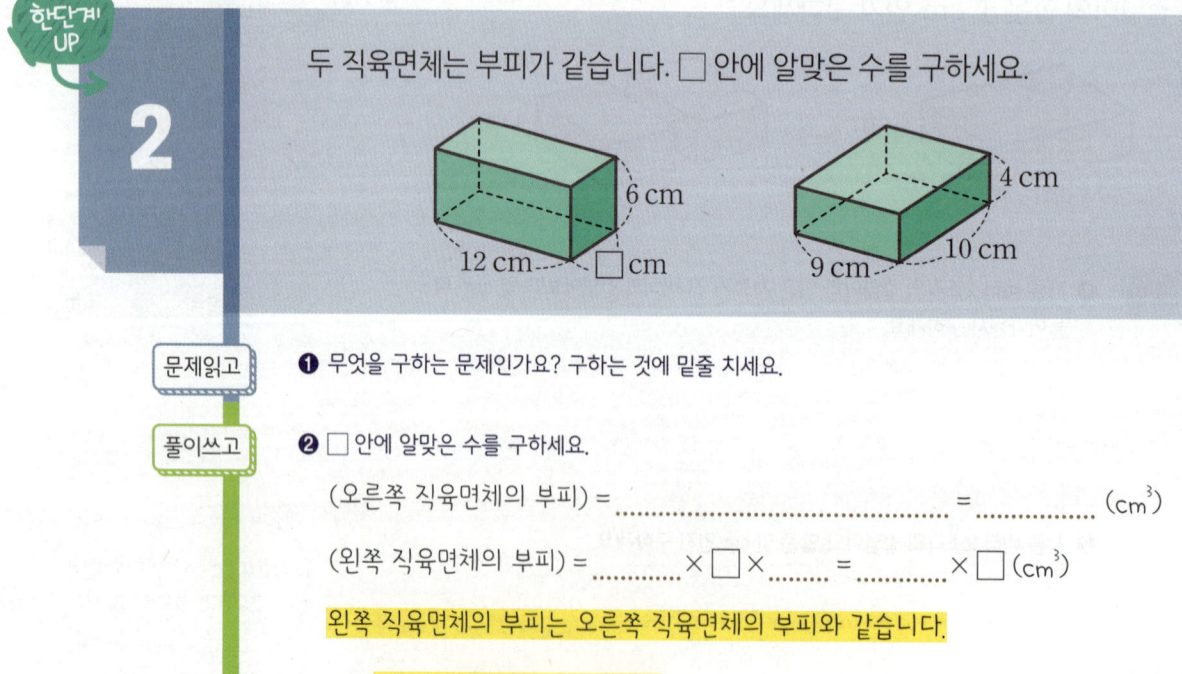

6 cm

12 cm   ☐ cm

4 cm

9 cm   10 cm

문제읽고

❶ 무엇을 구하는 문제인가요? 구하는 것에 밑줄 치세요.

풀이쓰고

❷ ☐ 안에 알맞은 수를 구하세요.

(오른쪽 직육면체의 부피) = ... = ... (cm³)

(왼쪽 직육면체의 부피) = ... × ☐ × .... = ... × ☐ (cm³)

왼쪽 직육면체의 부피는 오른쪽 직육면체의 부피와 같습니다.

➡ .... × ☐ = ..., ☐ = ...

❸ 답을 쓰세요.

☐ 안에 알맞은 수는 ....입니다.

대표
문제

3

오른쪽 전개도를 이용하여 만든
<u>직육면체의 겉넓이는 118 cm²</u>입니다.
□ 안에 알맞은 수를 구하세요.

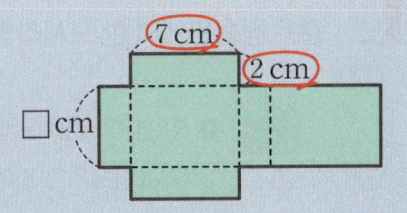

문제읽고

❶ 무엇을 구하는 문제인가요? 구하는 것에 밑줄 치세요.

❷ 주어진 것은 무엇인가요? ○표 하고 답하세요.

직육면체의 겉넓이 : .... cm², 가로 : ..7.. cm, 세로 : .... cm

풀이쓰고

❸ 옆면의 넓이는 몇 cm²인지 구하세요.

(직육면체의 겉넓이) = (두 밑면의 넓이의 합) + (옆면의 넓이)

➜ (옆면의 넓이) = (직육면체의 겉넓이) - (두 밑면의 넓이의 합)

= .... = ... (cm²)

❹ □ 안에 알맞은 수를 구하세요.   옆면의 가로   옆면의 세로

(옆면의 넓이) = (2+........ +2+........) × □ ➜ □ = ... ÷ .... = ...

❺ 답을 쓰세요.   □ 안에 알맞은 수는 .... 입니다.

한단계
UP

4

왼쪽 직육면체와 겉넓이가 같은 정육면체의 한 모서리의 길이는 몇 cm인지 구하세요.

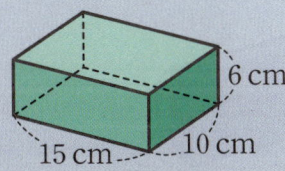 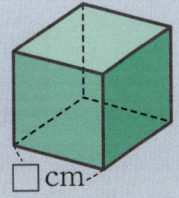

6 cm
15 cm   10 cm
□ cm

문제읽고

❶ 무엇을 구하는 문제인가요? 구하는 것에 밑줄 치세요.

풀이쓰고

❷ 정육면체의 한 모서리의 길이는 몇 cm인지 구하세요.

(왼쪽 직육면체의 겉넓이)

= .... = ... (cm²)

(오른쪽 정육면체의 겉넓이) = □ × □ × .... (cm²)

오른쪽 정육면체의 겉넓이는 왼쪽 직육면체의 겉넓이와 같습니다.

같은 수끼리의 곱을
생각해 봐요.
2×2=4, 3×3=9,
4×4=16, 5×5=25,
6×6=36……

➜ □ × □ × .... = ... , □ × □ = ... , □ = ...

❸ 답을 쓰세요.   정육면체의 한 모서리의 길이는 .... 입니다.

1 가로가 9 cm, 세로가 12 cm, 높이가 4 cm인 직육면체와 겉넓이가 같은 정육면체의 한 모서리의 길이는 몇 cm인지 구하세요.

풀이

❶ 직육면체의 겉넓이는 몇 cm^2인지 구하세요.

(직육면체의 겉넓이)

= ⋯⋯⋯⋯⋯⋯⋯⋯⋯⋯⋯⋯⋯⋯⋯

= ⋯⋯⋯⋯⋯ (cm^2)

❷ 정육면체의 한 모서리의 길이를 ☐ cm라 하고 정육면체의 겉넓이를 구하는 식을 이용하여 ☐를 구하세요.

정육면체의 겉넓이는 직육면체의 겉넓이와 같으므로

☐ × ☐ × ⋯⋯⋯ = ⋯⋯⋯ , ☐ × ☐ = ⋯⋯⋯ ,
　　정육면체의 겉넓이　　　직육면체의 겉넓이

☐ = ⋯⋯⋯

답 ⋯⋯⋯⋯⋯⋯⋯⋯⋯⋯⋯⋯⋯⋯

2 다음 직육면체의 부피는 한 모서리의 길이가 6 cm인 정육면체의 부피와 같습니다. 이 직육면체의 가로는 몇 cm인지 구하세요.

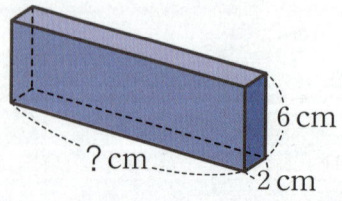

6 cm
? cm
2 cm

풀이

❶ 직육면체의 부피는 몇 cm^3인지 구하세요.

❷ 직육면체의 가로는 몇 cm인지 구하세요.

답 ⋯⋯⋯⋯⋯⋯⋯⋯⋯⋯⋯⋯⋯⋯

3 오른쪽 직육면체의 부피는 105 cm³입니다. 이 직육면체의 겉넓이는 몇 cm²인지 구하세요.

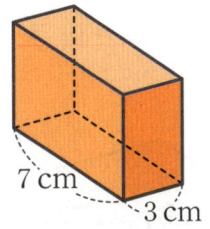

7 cm
3 cm

문제읽기 CHECK ✓

☐ 구하는 것에 밑줄, 주어진 것에 ○표!

☐ 직육면체의 부피는?
　　　　　　　cm³

☐ 직육면체의 모서리의 길이는?
　가로 : 　3　 cm
　세로 : 　　　 cm

풀이

❶ 직육면체의 높이는 몇 cm인지 구하세요.

❷ 직육면체의 겉넓이는 몇 cm²인지 구하세요.

답 ....

4 겉넓이가 96 cm²인 정육면체의 부피는 몇 cm³인지 구하세요.

풀이

❶ 정육면체의 한 모서리의 길이를 ☐ cm라 하고 정육면체의 겉넓이를 구하는 식을 이용하여 ☐를 구하세요.

문제읽기 CHECK ✓

☐ 구하는 것에 밑줄, 주어진 것에 ○표!

☐ 정육면체의 겉넓이는?
　　　　　　cm²

❷ 정육면체의 부피는 몇 cm³인지 구하세요.

답 ....

한 모서리의 길이를 먼저 구해 봐.

문장제 서술형 평가

1 두 직육면체 중에서 부피가 더 큰 것의 기호를 쓰고, 부피를 비교한 방법을 설명하세요. **(5점)**

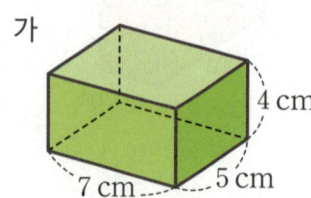 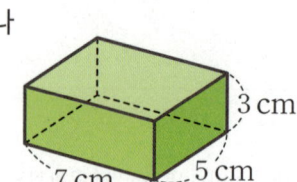

가

나

답 ....

설명 ....

....

2 가로가 2 m, 세로가 6 m, 높이가 5 m인 직육면체의 부피는 몇 m³인지 구하세요.

(5점)

풀이

답 ....

3 오른쪽 정육면체에서 색칠한 면의 넓이는 64 cm²입니다. 이 정육면체의 겉넓이는 몇 cm²인지 구하세요. **(5점)**

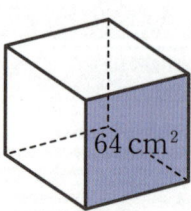

64 cm²

풀이

답 ....

4 다음 전개도를 접었을 때 만들어지는 직육면체의 겉넓이는 몇 cm²인지 구하세요. **(6점)**

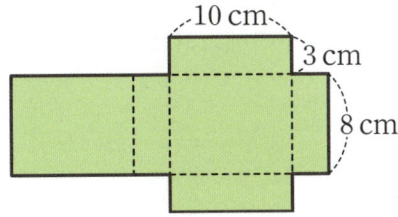

풀이

답 ....

5 직육면체 2개를 붙여서 오른쪽과 같은 입체도형
을 만들었습니다. 이 입체도형의 부피는 몇 cm³
인지 구하세요. **(6점)**

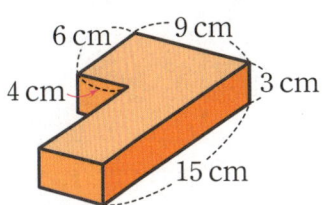

풀이

답 ....

6 오른쪽 정육면체의 부피와 겉넓이를 각각 구하세요. **(6점)**

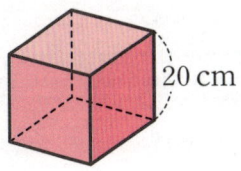

풀이

답 부피 :   cm³, 겉넓이 :   cm²

7 오른쪽은 고무찰흙으로 만든 직육면체 모양입니다. 이 직육면체 모양을 잘라서 만들 수 있는 가장 큰 정육면체 모양의 부피는 몇 cm³인지 구하세요. **(7점)**

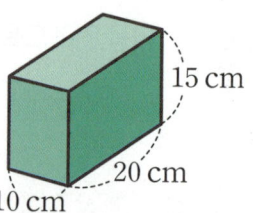

15 cm
20 cm
10 cm

풀이

답 ....

8 오른쪽 직육면체의 겉넓이가 258 cm²일 때 부피는 몇 cm³인지 구하세요. **(8점)**

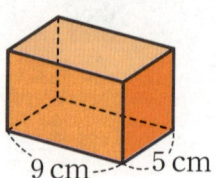

9 cm   5 cm

풀이

답 ....

숨은 물건 10개를 찾아 ○표 해 주세요.

꽁꽁! 찬바람 부는 완연한 겨울이에요.
친구들과 함께 스키, 보드를 타러 왔어요.
안전을 위해 헬멧과 고글은 꼭 써야겠죠?

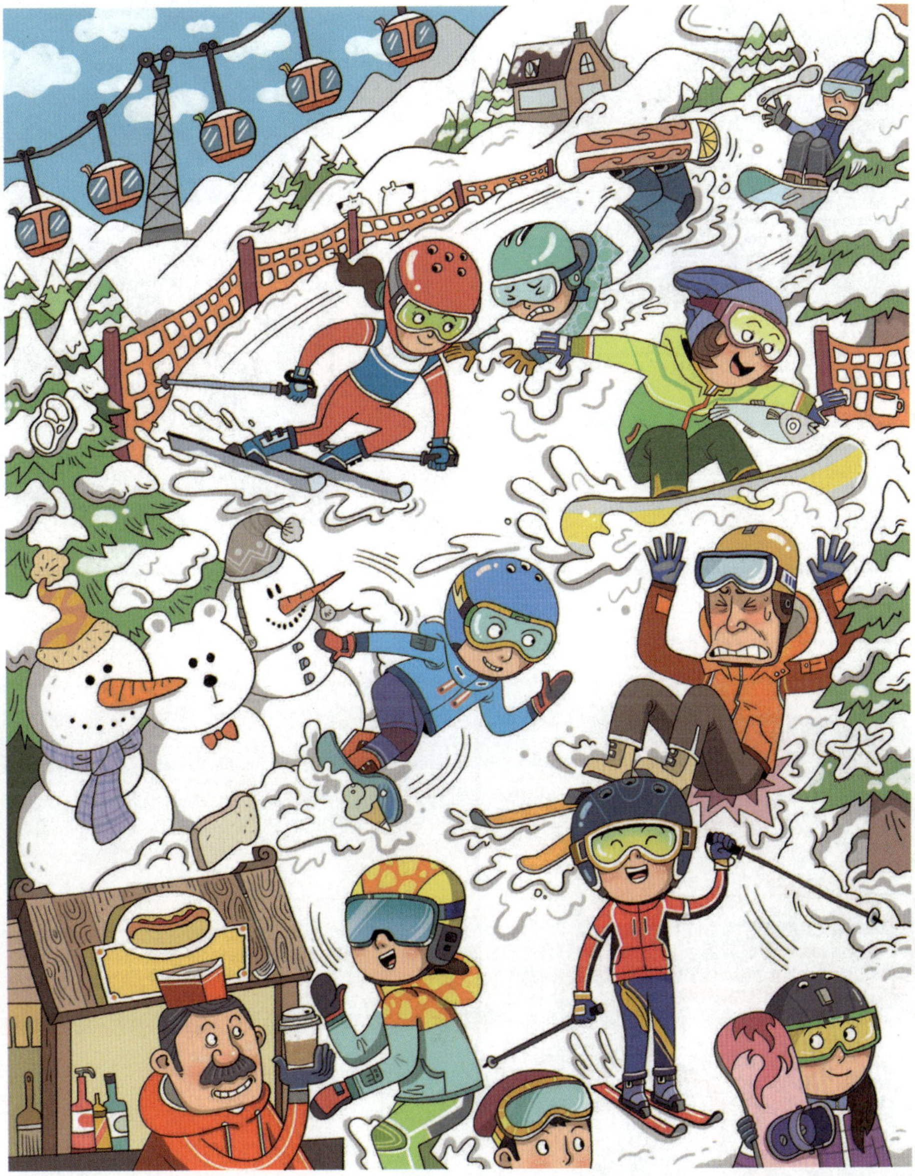

고기, 골프채, 오렌지, 물고기, 머그컵, 식빵, 불가사리, 붓, 숟가락, 아이스크림

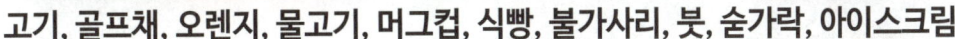

▶ 쉬어가기 정답은 **124쪽**에 있습니다.

쉬어가기 정답

39쪽

59쪽

5

83쪽

103쪽

3, 6

123쪽

수고하셨습니다.
12권으로
올라갈까요?

11권 끝!
12권에서 만나요

앗!

본책의 정답과 풀이를 분실하셨나요?
길벗스쿨 홈페이지에 들어오시면
내려받으실 수 있습니다.
http://school.gilbut.co.kr/

기적의 수학 문장제!

정답 풀이

? =

초등 6학년

11 권

길벗스쿨

정답과 풀이

1 DAY 14~15쪽

1 예 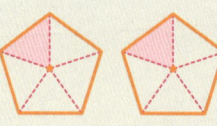 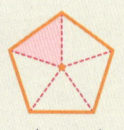 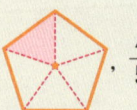 , $\frac{4}{5}$

2 (1) $\frac{1}{6}$　(2) $\frac{3}{8}$　(3) $1\frac{4}{5}\left(=\frac{9}{5}\right)$　(4) $2\frac{3}{7}\left(=\frac{17}{7}\right)$

3 6, 6, 2　　　　　　**4** (1) 9, 3　(2) 20, 20, $\frac{5}{32}$

5 (1) $\frac{1}{5}$, $\frac{3}{20}$　(2) $\frac{1}{2}\times\frac{1}{6}=\frac{1}{12}$　(3) $\frac{9}{5}\times\frac{1}{8}=\frac{9}{40}$

6
$\frac{5}{7}\div6$	$\frac{6}{25}\times\frac{1}{3}$	$\frac{2}{130}$
$\frac{6}{25}\div3$	$\frac{5}{7}\times\frac{1}{6}$	$\frac{5}{42}$
$\frac{2}{13}\div10$	$\frac{2}{13}\times\frac{1}{10}$	$\frac{6}{75}$

7 60, 15 / $\frac{1}{4}$, $\frac{15}{28}$

8 (1) $\frac{4}{9}\left(=\frac{32}{72}\right)$　(2) $\frac{2}{3}\left(=\frac{14}{21}\right)$　(3) $1\frac{3}{20}\left(=\frac{23}{20}\right)$　(4) $\frac{37}{45}$

2 DAY 16~17쪽

1 ❷ 8, 7　❸ ÷ / 8÷7, $1\frac{1}{7}\left(=\frac{8}{7}\right)$　❹ $1\frac{1}{7}\left(=\frac{8}{7}\right)$장

2 ❷ $\frac{7}{9}$, 4　❸ ÷ / $\frac{7}{9}$, ÷, 4, $\frac{7}{9}$, $\frac{1}{4}$, $\frac{7}{36}$　❹ $\frac{7}{36}$ L

3 ❷ $\frac{950}{7}$, 3, 나눕니다

　❸ ÷ / $\frac{950}{7}$, ÷, 3, $\frac{950}{7}$, $\frac{1}{3}$, $45\frac{5}{21}\left(=\frac{950}{21}\right)$　❹ $45\frac{5}{21}\left(=\frac{950}{21}\right)$ m²

4 ❷ $3\frac{3}{4}$, 5, 나눕니다

　❸ ÷ / $3\frac{3}{4}$, ÷, 5, $\frac{15}{4}$, $\frac{1}{5}$, $\frac{3}{4}\left(=\frac{15}{20}\right)$　❹ $\frac{3}{4}\left(=\frac{15}{20}\right)$ m

18~19쪽

1 $3\frac{1}{3}\left(=\frac{10}{3}\right)$ kg　CHECK ☐ 20　☐ 6

2 $2\frac{1}{12}\left(=\frac{25}{12}\right)$ km　CHECK ☐ $4\frac{1}{6}$　☐ 2

3 $\frac{2}{77}$ m　CHECK ☐ $\frac{2}{11}$　☐ 7

4 종민　CHECK ☐ $\frac{1}{2}$, 5　☐ $1\frac{2}{5}$, 28

※ 문제에서 기약분수나 대분수로 나타내라는 말이 없으면 계산 결과를 기약분수나 대분수로 나타내지 않아도 정답으로 인정합니다.

3 DAY

20~21쪽

1 ❷ $\frac{19}{5}$, 3, 나눕니다

❸ ÷ / $\frac{19}{5}$, ÷, 3 / $\frac{19}{5}$, $\frac{1}{3}$, $1\frac{4}{15}\left(=\frac{19}{15}\right)$ ❹ $1\frac{4}{15}\left(=\frac{19}{15}\right)$ m

2 ❷ $5\frac{1}{6}$, 4, 나눕니다

❸ ÷ / $5\frac{1}{6}$, ÷, 4 / $\frac{31}{6}$, $\frac{1}{4}$, $1\frac{7}{24}\left(=\frac{31}{24}\right)$ ❹ $1\frac{7}{24}\left(=\frac{31}{24}\right)$ m

3 ❷ 세로 ❸ ÷, $5\frac{1}{2}\left(=\frac{11}{2}\right)$ ❹ $5\frac{1}{2}\left(=\frac{11}{2}\right)$ cm

4 ❷ 2, 밑변 ❸ ×, ÷ / $\frac{73}{7}$, 2, $\frac{1}{6}$, $3\frac{10}{21}\left(=\frac{73}{21}\right)$ ❹ $3\frac{10}{21}\left(=\frac{73}{21}\right)$ cm

22~23쪽

1 $\frac{8}{9}\left(=\frac{40}{45}\right)$ m CHECK ☐ $4\frac{4}{9}$ ☐ 5

2 $\frac{5}{66}$ m CHECK ☐ $\frac{5}{11}$ ☐ 6

3 $2\frac{7}{12}\left(=\frac{31}{12}\right)$ cm CHECK ☐ $7\frac{3}{4}$ ☐ 3

4 $3\frac{5}{9}\left(=\frac{32}{9}\right)$ m CHECK ☐ 4 ☐ 9

4 DAY

24~25쪽

1 ❷ ×, $\frac{8}{3}$×3, 8 ❸ ÷, 8÷5, $1\frac{3}{5}\left(=\frac{8}{5}\right)$ ❹ $1\frac{3}{5}\left(=\frac{8}{5}\right)$ L

2 ❷ ÷ / $1\frac{1}{9}$, ÷, 3, $\frac{10}{9}$, $\frac{1}{3}$, $\frac{10}{27}$

❸ ÷ / $\frac{10}{27}$, ÷, 4, $\frac{10}{27}$, $\frac{1}{4}$, $\frac{5}{54}\left(=\frac{10}{108}\right)$ ❹ $\frac{5}{54}\left(=\frac{10}{108}\right)$ m

3 ❷ +, $\frac{3}{8}+\frac{1}{4}$, $\frac{5}{8}$ ❸ ÷ / $\frac{5}{8}$, ÷, 2, $\frac{5}{8}$, $\frac{1}{2}$, $\frac{5}{16}$ ❹ $\frac{5}{16}$ L

4 ❷ −, $8\frac{4}{7}-1\frac{2}{7}$, $7\frac{2}{7}$ ❸ $7\frac{2}{7}$, ÷, 11, $\frac{51}{7}$, $\frac{1}{11}$, $\frac{51}{77}$ ❹ $\frac{51}{77}$ kg

26~27쪽

1 $5\frac{1}{12}\left(=\frac{61}{12}\right)$ m² CHECK ☐ $10\frac{1}{6}$ ☐ 8 ☐ 4

2 $\frac{5}{28}$ kg CHECK ☐ $6\frac{1}{4}$ ☐ 5 ☐ 7

3 $\frac{4}{15}$ km CHECK ☐ $4\frac{3}{5}$ ☐ 15 ☐ $\frac{3}{5}$

4 $\frac{13}{21}\left(=\frac{39}{63}\right)$ L CHECK ☐ $1\frac{4}{9}$ ☐ 7 ☐ 4

1 ❷ 20, 12 / 12÷20, $\frac{3}{5}\left(=\frac{12}{20}\right)$ ❸ $\frac{3}{5}\left(=\frac{12}{20}\right)$

2 ❷ 8, 56 / 8, 56 / 56÷8, 7   ❸ 나눕니다 / 7÷8, $\frac{7}{8}$ ❹ $\frac{7}{8}$

3 ❷ 2, $3\frac{1}{5}$ / 2, $3\frac{1}{5}$ / $3\frac{1}{5}$÷2, $1\frac{3}{5}\left(=\frac{16}{10}=\frac{8}{5}\right)$

    ❸ 나눕니다 / $1\frac{3}{5}$÷2, $\frac{4}{5}\left(=\frac{8}{10}\right)$ ❹ $\frac{4}{5}\left(=\frac{8}{10}\right)$

4 ❷ 5, $8\frac{4}{7}$ / $8\frac{4}{7}-5$, $3\frac{4}{7}$ / $3\frac{4}{7}$

    ❸ 5, 나눕니다 / $3\frac{4}{7}$÷5, $\frac{5}{7}\left(=\frac{25}{35}\right)$ ❹ $\frac{5}{7}\left(=\frac{25}{35}\right)$L

1 $1\frac{1}{27}\left(=\frac{28}{27}\right)$ **CHECK** ☐ $9\frac{1}{3}$

2 $1\frac{8}{15}\left(=\frac{23}{15}\right)$ **CHECK** ☐ 15, 8   ☐ 15, 나눈다

3 $\frac{7}{800}$ **CHECK** ☐ 10, $\frac{7}{8}$ ☐ 10, 나눈다

4 $1\frac{1}{9}\left(=\frac{10}{9}\right)$L   **CHECK** ☐ $\frac{4}{9}$ ☐ 4, 나눈다

---

1 ❷ 커지도록   ❸ 8, 4, 3 / $\frac{1}{4}$, $\frac{3}{32}$ / $\frac{3}{4}$, 8, $\frac{3}{4}$, $\frac{1}{8}$, $\frac{3}{32}$

    ❹ $\frac{3}{8}÷4=\frac{3}{32}$ 또는 $\frac{3}{4}÷8=\frac{3}{32}$

2 ❷ 커지도록   ❸ 9, 5, 4 / $9\frac{4}{5}$, $\frac{49}{5}$, $\frac{1}{7}$, $1\frac{2}{5}\left(=\frac{7}{5}\right)$ ❹ $9\frac{4}{5}÷7=1\frac{2}{5}\left(=\frac{7}{5}\right)$

3 ❷ $\frac{7}{3}$, $\frac{1}{2}$, $\frac{7}{6}$ ❸ $\frac{7}{6}$, 작아야 / 1, 2, 3, 4, 5, 6   ❹ 1, 2, 3, 4, 5, 6

4 ❷ $\frac{88}{7}$, $\frac{1}{4}$, $3\frac{1}{7}\left(=3\frac{4}{28}\right)$ ❸ $3\frac{1}{7}\left(=3\frac{4}{28}\right)$, 4 / 4, 5, 6, 7, 8   ❹ 4

1 $\frac{7}{9}÷3=\frac{7}{27}$ **CHECK** ☐ 작아져야

2 7개   **CHECK** ☐ 6, 7, 8, 9 ☐ 1, 2, 3, 4

3 4   **CHECK** ☐ $\frac{5}{\square}$

4 $2\frac{5}{7}÷8=\frac{19}{56}$ **CHECK** ☐ 큰, 작은

---

1 $\frac{9}{10}$ kg   **2** $\frac{27}{28}\left(=\frac{54}{56}\right)$L   **3** $\frac{4}{27}$ m

4 $4\frac{1}{2}\left(=\frac{9}{2}\right)$cm²   **5** $\frac{7}{36}$ L   **6** $\frac{14}{81}$

7 $\frac{2}{7}÷5=\frac{2}{35}$ 또는 $\frac{2}{5}÷7=\frac{2}{35}$ **8** 4개

8 DAY

42~43쪽

1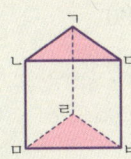

2 모서리, 꼭짓점, 높이

3 (1) 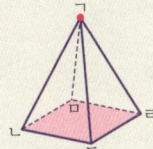　(2) ㄴㅁㅂㄷ, ㄱㄹㅂㄷ, ㄴㅁㄹㄱ

4 삼각기둥, 육각기둥, 사각기둥

5 (왼쪽에서부터) 11, 10 / 3, 5

6 (1) (2) 　(3) ㄱㄴㄷ, ㄱㄷㄹ, ㄱㄹㅁ, ㄱㄴㅁ

7 육각뿔, 삼각뿔, 사각뿔, 오각뿔　**8** (1) 12　(2) 4

9 DAY

44~45쪽

1 ❷ 밑면　❸ 오각형, 오각 / +, 5+2, 7　❹ 오각기둥, 7개

2 ❷ 6　❸ 6÷2, 3　❹ ×, 3×3, 9　❺ 9개

3 ❷ 밑면　❸ 육각형, 육각 / +, 6+1, 7　❹ 육각뿔, 7개

4 ❷ 8　❸ 8÷2, 4　❹ +, 4+1, 5　❺ 5개

46~47쪽

1 8개　　CHECK ☐ 사각형

2 ㉖ 다각형이 / ㉖ 모두 삼각형이　CHECK ☐ 원

3 10개　　CHECK ☐ 4

4 칠각기둥　　CHECK ☐ 9　☐ 21　☐ 14

10 DAY

48~49쪽

1 ❷ 9　❸ 2, 2, 2, 3 / 2, 2, 2, 3, 45　❹ 45 cm

2 ❷ 12　❸ 4, 4, 4 / 4, 4, 4, 44　❹ 44 cm

3 ❷ 정오각형, 이등변삼각형　❸ 5, 5 / 5, 5, 90　❹ 90 cm

4 ❷ 정팔각형, 이등변삼각형　❸ 정팔각형, 8 / 10×8, 80　❹ 80 cm

50~51쪽

1 30 cm　CHECK ☐ 5

2 120 cm　CHECK ☐ 정육각형　☐ 7　☐ 6

3 114 cm　CHECK ☐ 이등변삼각형　☐ 6　☐ 10, 10, 9

4 8 cm　CHECK ☐ 120　☐ 같다

1 ② 육각기둥   ③ 육각형, 2, 육각기둥
2 ② 사각형, 사각기둥   ③ ×, 4×3, 12   ④ 12개
3 ② 삼각형, 3, 9   ③ 2, 4, 3 / 2, 4, 3, 65   ④ 65 cm
4 ② 오각기둥, 5, 15   ③ 15, 6×15, 90   ④ 90 cm

54~55쪽

1 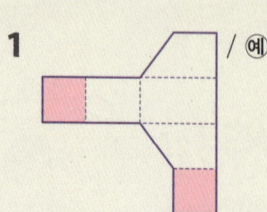 / ㉘ 색칠한 두 면이 서로 겹치므로 ☐ 전개도

2 26개   CHECK ☐ 2 ☐ 2
3 78 cm CHECK ☐ (위에서부터) 4, 5
4 4 cm   CHECK ☐ 합동 ☐ 9 ☐ 85

1 칠각뿔   2 84 cm   3 6개
4 ㉘ 밑면의 모양이 같습니다. 옆면의 수가 같습니다. /
   ㉘ 밑면이 가는 2개 있고, 나는 1개 있습니다.
      옆면의 모양이 가는 직사각형이고, 나는 삼각형입니다.
5 32개   6 11 cm
7 120 cm   8 6개

13 DAY

62~63쪽

1 314, 31.4, 3.14 / $\dfrac{1}{10}$, $\dfrac{1}{100}$

2 (1) 8925, 1275, 12.75   (2) 1275, 12.75

3 (1)

```
      0 . 2 7
6 ) 1 . 6 2
    1 2
      4 2
      4 2
        0
```

(2)

```
      3 . 4 5
8 ) 2 . 7 6 0
    2 4
      3 6
      3 2
        4 0
        4 0
          0
```

(3) 2.49
(4) 4.05

4 (1) 5, 125, 1.25   (2) 125, 1.25

5 (1)

```
      1 . 4
5 ) 7 . 0
    5
    2 0
    2 0
      0
```

(2)

```
      0 . 7 5
8 ) 6 . 0 0
    5 6
      4 0
      4 0
        0
```

(3) 5.5
(4) 0.2

6 (1) 예 8, 2 / 2□.6□7   (2) 예 58, 7 / 7□.2□5
(3) 예 37, 9 / 9□.3□1   (4) 예 73, 14 / 1□4□.5□8

14 DAY

64~65쪽

1 ❷ 4.3, 2   ❸ ÷, 4.3÷2, 2.15   ❹ 2.15 L

2 ❷ 11.2, 8   ❸ ÷, 11.2÷8, 1.4   ❹ 1.4배

3 ❷ 2.07, 3, 나눕니다   ❸ ÷, 2.07÷3, 0.69   ❹ 0.69 km

4 ❷ 1.62, 4   ❸ 1.62÷6, 0.27 / 1.2÷4, 0.3   ❹ 0.27, 0.3, 레드향
❺ 레드향

66~67쪽

1 1.4 m   CHECK ☐ 7

2 3.05 kg   CHECK ☐ 21.35   ☐ 7

3 5.4 cm   CHECK ☐ 48.6   ☐ 9

4 ㉯ 수도꼭지   CHECK ☐ 8, 30.72 / 12, 47.04

15 DAY

68~69쪽

1 ❷ ÷, 604÷4, 151　　❸ ÷, 151÷5, 30.2　　❹ 30.2 g

2 ❷ ÷, 4.4÷8, 0.55　　❸ ×, 0.55×3, 1.65　　❹ 1.65 km

3 ❷ 뺍니다　❸ −, 2.57−0.5, 2.07　❹ ÷, 2.07÷9, 0.23　❺ 0.23 kg

4 ❷ 더합니다　❸ ÷, 5.46÷6, 0.91　❹ +, 0.7+0.91, 1.61　❺ 1.61 L

70~71쪽

1 0.51 m　　CHECK ☐ 5.1　☐ 2　☐ 5

2 4.05 cm²　CHECK ☐ 2.7　☐ 6

3 0.45 km　CHECK ☐ 9.03　☐ 0.03　☐ 20

4 45.6 kg　CHECK ☐ 42.6, 38.8, 55.4

16 DAY

72~73쪽

1 ❷ 8　　❸ ÷, 17.92÷8, 2.24　　❹ 2.24 cm

2 ❷ 12　　❸ ÷, 114÷12, 9.5　　❹ 9.5 cm

3 ❷ 7　　❸ 1, 7 / ÷, 4.34÷7, 0.62　　❹ 0.62 km

4 ❷ 막대, 8 / ÷, 252÷8, 31.5　　❸ 31.5 m

74~75쪽

1 1.26 m　CHECK ☐ 6.3　　**2** 5.04 cm　CHECK ☐ 30.24

3 0.36 km　CHECK ☐ 7.2　☐ 20　　**4** 9.5 cm　CHECK ☐ 285.5　☐ 10

17 DAY

76~77쪽

1 ❷ 8, 7, 6, 4 / 8, 7, 6　❸ 8.76, 4, 2.19　❹ 2.19

2 ❷ 1, 3, 6, 8 / 1, 3, 6　❸ 1.36, 8, 0.17　❹ 0.17

3 ❷ 작을수록　❸ 9, 7, 2 / 9, 2, 4.5　❹ 9÷2=4.5

4 ❷ 작을수록, 클수록　❸ 2, 3, 4, 5 / 2, 3 / 5, 0.46　❹ 2.3÷5=0.46

78~79쪽

1 3÷6=0.5　CHECK ☐ 작은, 큰

2 3.48　CHECK ☐ 8, 7, 5, 2

3 2.6　CHECK ☐ 2, 3, 4, 9

4 7.64÷2=3.82　CHECK ☐ 7, 6, 4, 2　☐ 큰, 작은

18 DAY

80~82쪽

1 1.65배　　**2** 78.1 km　　**3** 1.08 cm　　**4** 7.5 cm

5 0.07 kg　　**6** 0.32 L　　**7** 2÷8=0.25　　**8** 0.36

19 DAY `86~87쪽`

1 3, 3 / $\frac{5}{2}$, $\frac{5}{2}$

2 가로등 / 나무

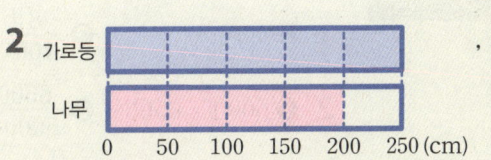

, $\frac{4}{5}$

3 7, 3

4 (1) 35, 24　　　(2) 6, 17　　　(3) 11, 10

5
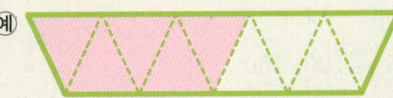

6 8, $\frac{8}{20}\left(=\frac{2}{5}\right)$, 0.4 / 12, 8, $\frac{12}{8}\left(=\frac{3}{2}\right)$, 1.5

7 (1) 25　　　(2) 52

8 59 / $\frac{6}{100}\left(=\frac{3}{50}\right)$, 6 / 1.25, 125

---

20 DAY `88~89쪽`

1 ❷ 5000, 3000　❸ 용돈, 3000, 5000　❹ 3000 : 5000

2 ❷ 9, 4　❸ 전체 화단, 4, 9　❹ 4 : 9

3 ❷ 91, 65　❸ +, 91+65, 156　❹ 전체 학생, 65, 156　❺ 65 : 156

4 ❷ 45, 21　❸ −, 45−21, 24　❹ 노란색 / 빨간색, 21, 24　❺ 21 : 24

`90~91쪽`

1 170 : 130　CHECK □ 300 □ 170 □ ●

2 150 : 175　CHECK □ 150 □ 25 □ ●

3 39 : 60　CHECK □ 60 □ 21 □ ▲

4 5 : 22　CHECK □ 6 □ 5

---

21 DAY `92~93쪽`

1 ❷ 260, 185　❸ 185, 260 / $\frac{185}{260}$, $\frac{37}{52}$　❹ $\frac{185}{260}\left(=\frac{37}{52}\right)$

2 ❷ 20, 7　❸ 7, 20 / $\frac{7}{20}$, 35, 0.35　❹ 0.35

3 ❷ 270, 3 / 380, 4　　　❸ 270, 3 / $\frac{270}{3}$, 90 / 380, 4 / $\frac{380}{4}$, 95

　❹ 90, <, 95, 공항버스　❺ 공항버스

`94~95쪽`

1 1.45　CHECK □ 580 □ 400

2 한울 마을　CHECK □ 15000, 6 □ 16800, 7

3 주혜네 모둠　CHECK □ 7, 10 □ 9, 12

4 $\frac{3}{60000}\left(=\frac{1}{20000}\right)$　CHECK □ 600 □ 3

22 DAY

96~97쪽

1 ❷ 400, 8　　❸ $\frac{8}{400}$, 100, $\frac{8}{400}$, 2　　❹ 2 %

2 ❷ 50000, 6500　　❸ $\frac{6500}{50000}$, $\frac{6500}{50000}$, 13　　❹ 13 %

3 ❷ 2000, 1700　　❸ ㅡ, 2000－1700, 300　　❹ $\frac{300}{2000}$, $\frac{300}{2000}$, 15　　❺ 15 %

98~99쪽

1 57 %　CHECK ☐ 800　☐ 456

2 하은　CHECK ☐ 95　☐ 90, 450

3 ㉮ 상점　CHECK ☐ 30000　☐ 25　☐ 23400　☐ 높을수록

4 15 %　CHECK ☐ 800　☐ 920

23 DAY

100~102쪽

1 13 : 24　　**2** $\frac{4}{5}$　　**3** 68 %　　**4** 작년

5 1 : 50000　　**6** 5 %, 인상　　**7** 유정, 지호　　**8** 소영

24 DAY

106~107쪽

1 <

2 (1) 8, 7, 9 / 504　　(2) 10, 10, 10 / 1000

3 (1) ○　　(2) ○　　(3) ×

4 (1) 2, 3, 5 / 30　　(2) 700, 350, 600 / 147000000, 147

5 방법1　24, 18, 12, 18, 12, 24 / 108

　　방법2　18, 12, 108

　　방법3　3, 108

25 DAY

108~109쪽

1 ❷ 20, 15, 10　　❸ 20×15×10, 3000　　❹ 3000 cm³

2 ❷ 4, 7　　❸ ＋ / 6×4×10, ＋, 7×4×5 / 380　　❹ 380 cm³

3 ❷ 90, 180　　❸ 100×90×180 / 1620000, 1.62　　❹ 1.62 m³

4 ❷ 8×7×3, 168 / 6×6×6, 216　　❸ 168, <, 216, 나　　❹ 나

110~111쪽

1 192 m³　CHECK ☐ 400, 800

2 125 cm³　CHECK ☐ 60

3 2400 cm³　CHECK ☐ 40　☐ 3

4 704 cm³　CHECK ☐ 빼다

26 DAY

112~113쪽

1 ❷

6 cm
8 cm
4 cm

❸ 8, 6, 6, 4 / 96, 112, 208   ❹ 208 cm²

2 ❷ 12   ❸ 12×12×6, 864   ❹ 864 cm²

3 ❷ 같습니다, 짧은   ❸ 5
   ❹ 5×5×6, 150   ❺ 150 cm²

4 ❷ 예) (65+30+78)×2, 346 / 8×8×6, 384
   ❸ 나, 384, 346, 38   ❹ 나, 38 cm²

114~115쪽

1 392 cm²   CHECK ☐ 12, 8, 5

2 216 cm²   CHECK ☐ 18

3 294 cm²   CHECK ☐ 28

4 508 cm²   CHECK ☐ 9, 4

27 DAY

116~117쪽

1 ❷ 616, 8   ❸ ÷, 616÷56, 11   ❹ 11 cm

2 ❷ 9×10×4, 360 / 12, 6, 72 / 72, 360, 5   ❸ 5

3 ❷ 118, 2   ❸ 118−(7×2)×2, 90   ❹ 7, 7, 90, 18, 5   ❺ 5

4 ❷ 예) (150+60+90)×2, 600 / 6 / 6, 600, 100, 10   ❸ 10 cm

118~119쪽

1 8 cm   CHECK ☐ 9, 12, 4 ☐ 같다

2 18 cm   CHECK ☐ 6, 같다 ☐ 2, 6

3 142 cm²   CHECK ☐ 105 ☐ 7

4 64 cm³   CHECK ☐ 96

28 DAY

120~122쪽

1 가 / 예) 두 직육면체 가와 나는 가로와 세로가 7 cm, 5 cm로 같습니다. 따라서 높이가 더 높은 가의 부피가 더 큽니다.

2 60 m³   **3** 384 cm²   **4** 268 cm²

5 297 cm³   **6** 8000, 2400   **7** 1000 cm³

8 270 cm³

자세한 풀이

1. 분수의 나눗셈

*개념 확인하기, 대표 문장제 익히기 정답은
 스피드 정답 2~4쪽에 있습니다.

2 DAY
18~19쪽

1 (한 자루에 담아야 할 소금의 무게)
$=$(전체 소금의 무게) ($\times$, $\div$) (자루 수)

$=\underline{\quad 20 \div 6 \quad}$

$=3\frac{1}{3}\left(=\frac{10}{3}\right)$ (kg)

답 $3\frac{1}{3}\left(=\frac{10}{3}\right)$ kg

주의 문제에 '기약분수로 나타내세요.'라고 되어 있으면 반드시 답을 기약분수로 나타내어야 합니다.

2 (1시간 동안 걸은 거리)
$=$(걸은 거리)$\div$(걸은 시간)

$=4\frac{1}{6}\div 2=\frac{25}{6}\times\frac{1}{2}$

$=\frac{25}{12}=2\frac{1}{12}$ (km)

답 $2\frac{1}{12}\left(=\frac{25}{12}\right)$ km

3 (하루에 자란 길이)
$=$(일주일 동안 자란 길이)$\div$(자란 날수)

$=\frac{2}{11}\div 7=\frac{2}{11}\times\frac{1}{7}$

$=\frac{2}{77}$ (m)

답 $\frac{2}{77}$ m

4 ❶ 종민 : $\frac{1}{2}\div 5=\frac{1}{2}\times\frac{1}{5}=\frac{1}{10}$ (m²)

지원 : $1\frac{2}{5}\div 28=\frac{7}{5}\times\frac{1}{28}=\frac{7}{140}=\frac{1}{20}$ (m²)

❷ 단위분수는 분모가 작을수록 더 크므로

$\frac{1}{10}>\frac{1}{20}$ 입니다.

따라서 1분 동안 칠한 벽면의 넓이는 종민이가
더 넓습니다.

답 종민

3 DAY
22~23쪽

1 (울타리 한 변의 길이)
$=$(울타리의 둘레)($\times$, $\div$)(정오각형 변의 수)

$=\underline{\quad 4\frac{4}{9}\div 5 \quad}$

$=\frac{40}{9}\times\frac{1}{5}$

$=\frac{8}{9}\left(=\frac{40}{45}\right)$ (m)

답 $\frac{8}{9}\left(=\frac{40}{45}\right)$ m

2 (한 변의 길이)
$=$(색 테이프의 길이)$\div$(정육각형 변의 수)

$=\frac{5}{11}\div 6=\frac{5}{11}\times\frac{1}{6}$

$=\frac{5}{66}$ (m)

답 $\frac{5}{66}$ m

3 (평행사변형의 넓이)$=$(밑변의 길이)$\times$(높이)
➡ (높이)$=$(평행사변형의 넓이)$\div$(밑변의 길이)

$=7\frac{3}{4}\div 3=\frac{31}{4}\times\frac{1}{3}$

$=\frac{31}{12}=2\frac{7}{12}$ (cm)

답 $2\frac{7}{12}\left(=\frac{31}{12}\right)$ cm

4

❶ (정사각형의 넓이)

　=(한 변의 길이)×(한 변의 길이)

　=$4×4=16$ (m²)

❷ (삼각형의 넓이)=(밑변의 길이)×(높이)÷2

　➜ (밑변의 길이)

　　=(삼각형의 넓이)×2÷(높이)

　　=$16×2÷9=32÷9$

　　=$\dfrac{32}{9}=3\dfrac{5}{9}$ (m)

답 $3\dfrac{5}{9}\left(=\dfrac{32}{9}\right)$ m

2

❶ (한 통에 들어 있는 쌀의 무게)

　=(전체 쌀의 무게)÷(통의 수)

　=$6\dfrac{1}{4}÷5=\dfrac{25}{4}×\dfrac{1}{5}$

　=$\dfrac{25}{20}=\dfrac{5}{4}=1\dfrac{1}{4}$ (kg)

❷ (하루에 먹어야 할 쌀의 무게)

　=(한 통에 들어 있는 쌀의 무게)÷(먹을 날수)

　=$1\dfrac{1}{4}÷7=\dfrac{5}{4}×\dfrac{1}{7}=\dfrac{5}{28}$ (kg)

답 $\dfrac{5}{28}$ kg

3

❶ (뛴 거리)=(전체 거리)−(걸은 거리)

　　　=$4\dfrac{3}{5}-\dfrac{3}{5}=4$ (km)

❷ 15분 동안 4 km를 뛰었으므로

　(1분 동안 뛴 거리)=(뛴 거리)÷(뛴 시간)

　　　=$4÷15=\dfrac{4}{15}$ (km)

답 $\dfrac{4}{15}$ km

4
DAY
26~27쪽

1

❶ (한 부분의 넓이)

　=(전체 꽃밭의 넓이)(× ,÷)(나눈 부분의 수)

　=　　$10\dfrac{1}{6}÷8$

　=$\dfrac{61}{6}$ × $\dfrac{1}{8}$

　=$1\dfrac{13}{48}\left(=\dfrac{61}{48}\right)$ (m²)

❷ (채송화 씨를 뿌린 꽃밭의 넓이)

　=(한 부분의 넓이)(× , ÷)

　　　　　　(채송화 씨를 뿌린 부분의 수)

　=　　$1\dfrac{13}{48}×4$

　=$5\dfrac{1}{12}\left(=\dfrac{61}{12}\right)$ (m²)

답 $5\dfrac{1}{12}\left(=\dfrac{61}{12}\right)$ m²

다른풀이 채송화 씨를 뿌린 부분은 전체를 똑같이 8부분으로 나눈 것 중에서 4부분이므로 전체 꽃밭의 넓이의 반입니다.

(채송화 씨를 뿌린 꽃밭의 넓이)

=$10\dfrac{1}{6}÷2=\dfrac{61}{6}×\dfrac{1}{2}=\dfrac{61}{12}=5\dfrac{1}{12}$ (m²)

4

❶ (1컵에 담은 수박주스의 양)

　=(전체 수박주스의 양)÷(컵의 수)

　=$1\dfrac{4}{9}÷7=\dfrac{13}{9}×\dfrac{1}{7}=\dfrac{13}{63}$ (L)

　(판 수박주스의 양)

　=(4컵에 담은 수박주스의 양)

　=$\dfrac{13}{63}×4=\dfrac{52}{63}$ (L)

❷ (팔고 남은 수박주스의 양)

　=(전체 수박주스의 양)−(판 수박주스의 양)

　=$1\dfrac{4}{9}-\dfrac{52}{63}=\dfrac{91}{63}-\dfrac{52}{63}=\dfrac{39}{63}=\dfrac{13}{21}$ (L)

답 $\dfrac{13}{21}\left(=\dfrac{39}{63}\right)$ L

다른풀이 7컵에 똑같이 나누어 담아 4컵을 팔았으므로 팔고 남은 수박주스는 3컵입니다.

(1컵에 담은 수박주스의 양)

=(전체 수박주스의 양)÷(컵의 수)

=$1\dfrac{4}{9}÷7=\dfrac{13}{9}×\dfrac{1}{7}=\dfrac{13}{63}$ (L)

(팔고 남은 수박주스의 양)

=(1컵에 담은 수박주스의 양)×(컵의 수)

=$\dfrac{13}{63}×3=\dfrac{39}{63}=\dfrac{13}{21}$ (L)

1 어떤 분수를 □라고 하면

□ (⊗, ÷) 9 = $9\frac{1}{3}$ 입니다.

□를 구하면

□ = $9\frac{1}{3} \div 9$

= $\frac{28}{3} \times \frac{1}{9}$ = $1\frac{1}{27}\left(=\frac{28}{27}\right)$

답 $1\frac{1}{27}\left(=\frac{28}{27}\right)$

참고 ■ × ● = ▲ → ■ = ▲ ÷ ●

2 ❶ 어떤 자연수를 □라고 하면 □−15=8입니다.
□를 구하면 □=8+15=23
❷ (어떤 자연수)÷15

=23÷15=$\frac{23}{15}$=$1\frac{8}{15}$

답 $1\frac{8}{15}\left(=\frac{23}{15}\right)$

3 ❶ 어떤 분수를 □라고 하면 □×10=$\frac{7}{8}$입니다.

□를 구하면 □=$\frac{7}{8}\div10$=$\frac{7}{8}\times\frac{1}{10}$=$\frac{7}{80}$

❷ (어떤 분수)÷10

=$\frac{7}{80}\div10$=$\frac{7}{80}\times\frac{1}{10}$=$\frac{7}{800}$

답 $\frac{7}{800}$

4 ❶ 처음 통에 있던 간장의 양을 □ L라고 하면

□−4=$\frac{4}{9}$입니다.

□를 구하면 □=$\frac{4}{9}$+4=$4\frac{4}{9}$

따라서 처음 통에 있던 간장은 $4\frac{4}{9}$ L입니다.

❷ (그릇 한 개에 담는 간장의 양)

=$4\frac{4}{9}\div4$=$\frac{40}{9}\div4$=$\frac{40}{9}\times\frac{1}{4}$

=$\frac{40}{36}$=$\frac{10}{9}$=$1\frac{1}{9}$ (L)

답 $1\frac{1}{9}\left(=\frac{10}{9}\right)$ L

---

1 수 카드의 수를 작은 수부터 차례로 쓰면

3 < 7 < 9 이므로

계산 결과가 가장 큰 (진분수)÷(자연수)는

가장 작은 수인 3 을 나누는 수로,

나머지 수로 진분수를 만들어 나눗셈식을 만듭니다.

➡ $\frac{7}{9}$ ÷ 3 = $\frac{7}{9}$ × $\frac{1}{3}$ = $\frac{7}{27}$

답 $\frac{7}{9}$ ÷ 3 = $\frac{7}{27}$

2 ❶ $1\frac{3}{5}\div4$=$\frac{8}{5}\times\frac{1}{4}$=$\frac{8}{20}$

❷ $\frac{8}{20}$ > $\frac{□}{20}$이므로 □는 8보다 작아야 합니다.

따라서 □ 안에 들어갈 수 있는 자연수는 1, 2, 3, 4, 5, 6, 7이므로 모두 7개입니다.

답 7개

3 5÷□=$\frac{5}{□}$이므로

$\frac{5}{□}$>1이려면 □는 5보다 작아야 합니다.

따라서 □ 안에 들어갈 수 있는 자연수는 1, 2, 3, 4이므로 가장 큰 자연수는 4입니다.

답 4

4 ❶ 수 카드의 수를 큰 수부터 차례로 쓰면

8>7>5>2이므로

가장 큰 수인 8을 나누는 수로 하고,

나머지 수 7, 5, 2로 가장 작은 대분수를 만들면

$2\frac{5}{7}$입니다.

➡ $2\frac{5}{7}\div8$

❷ $2\frac{5}{7}\div8$=$\frac{19}{7}\times\frac{1}{8}$=$\frac{19}{56}$

답 $2\frac{5}{7}$ ÷ 8 = $\frac{19}{56}$

7 DAY

36~38쪽

1 ❶ (한 도막의 무게)
= (전체 통나무의 무게)÷(도막 수)
= $9 \div 10$

❷ = $\dfrac{9}{10}$ (kg)

답 $\dfrac{9}{10}$ kg

채점기준

❶ 식을 세우면	2점
❷ 통나무 한 도막의 무게를 분수로 나타내면	3점
	5점

2 ❶ (1 km를 가는 데 필요한 휘발유의 양)
= (전체 휘발유의 양)÷(간 거리)
= $2\dfrac{4}{7} \div 8 = \dfrac{18}{7} \times \dfrac{1}{8} = \dfrac{18}{56} = \dfrac{9}{28}$ (L)

❷ (3 km를 가는 데 필요한 휘발유의 양)
= (1 km를 가는 데 필요한 휘발유의 양)
  × (간 거리)
= $\dfrac{9}{28} \times 3 = \dfrac{27}{28}$ (L)

답 $\dfrac{27}{28}\left(=\dfrac{54}{56}\right)$ L

채점기준

❶ 1 km를 가는 데 필요한 휘발유의 양을 구하면	3점
❷ 3 km를 가는 데 필요한 휘발유의 양을 구하면	2점
	5점

참고 먼저 1 km를 가는 데 필요한 휘발유의 양을 구합니다.

3 ❶ (정삼각형 모양 1개를 만드는 데 사용한 철사의
길이)
= (전체 철사의 길이)÷(정삼각형의 수)
= $\dfrac{8}{9} \div 2 = \dfrac{8}{9} \times \dfrac{1}{2} = \dfrac{8}{18} = \dfrac{4}{9}$ (m)

❷ (정삼각형 한 변의 길이)
= (정삼각형 모양 1개를 만드는 데 사용한 철사
의 길이)÷(정삼각형 변의 수)
= $\dfrac{4}{9} \div 3 = \dfrac{4}{9} \times \dfrac{1}{3} = \dfrac{4}{27}$ (m)

답 $\dfrac{4}{27}$ m

채점기준

❶ 정삼각형 모양 1개를 만드는 데 사용한 철사의 길이를 구하면	3점
❷ 정삼각형 한 변의 길이를 구하면	3점
	6점

4 ❶ (한 칸의 넓이)
= $11\dfrac{1}{4} \div 5 = \dfrac{45}{4} \times \dfrac{1}{5}$
= $\dfrac{45}{20} = \dfrac{9}{4} = 2\dfrac{1}{4}$ (cm²)

❷ (색칠한 부분의 넓이)
= (한 칸의 넓이)×(색칠한 칸 수)
= $2\dfrac{1}{4} \times 2 = \dfrac{9}{4} \times 2 = \dfrac{9}{2} = 4\dfrac{1}{2}$ (cm²)

답 $4\dfrac{1}{2}\left(=\dfrac{9}{2}\right)$ cm²

채점기준

❶ 한 칸의 넓이를 구하면	3점
❷ 색칠한 부분의 넓이를 구하면	3점
	6점

5 ❶ (6명이 나누어 마신 우유의 양)
= $2 - \dfrac{5}{6} = \dfrac{12}{6} - \dfrac{5}{6} = \dfrac{7}{6} = 1\dfrac{1}{6}$ (L)

❷ (한 명이 마신 우유의 양)
= $1\dfrac{1}{6} \div 6 = \dfrac{7}{6} \times \dfrac{1}{6} = \dfrac{7}{36}$ (L)

답 $\dfrac{7}{36}$ L

채점기준

❶ 6명이 나누어 마신 우유의 양을 구하면	3점
❷ 한 명이 마신 우유의 양을 구하면	3점
	6점

6 ❶ 어떤 분수를 □라고 하면 □×9=14입니다.
□를 구하면 □=$14 \div 9 = \dfrac{14}{9} = 1\dfrac{5}{9}$

❷ 바르게 계산하면
(어떤 분수)÷9=$1\dfrac{5}{9} \div 9 = \dfrac{14}{9} \times \dfrac{1}{9} = \dfrac{14}{81}$

답 $\dfrac{14}{81}$

채점기준

❶ 어떤 분수를 구하면	3점
❷ 바르게 계산하면	4점
	7점

7

❶ 수 카드의 수를 작은 수부터 차례로 쓰면
2<5<7입니다.

❷ 계산 결과가 가장 작은 나눗셈식을 만들려면
계산 결과의 분모가 가장 커야 하므로
$\dfrac{2}{7} \div 5$ 또는 $\dfrac{2}{5} \div 7$입니다.

❸ 나눗셈식을 계산하면
$$\dfrac{2}{7} \div 5 = \dfrac{2}{7} \times \dfrac{1}{5} = \dfrac{2}{35}$$
또는 $\dfrac{2}{5} \div 7 = \dfrac{2}{5} \times \dfrac{1}{7} = \dfrac{2}{35}$입니다.

답 $\dfrac{2}{7} \div 5 = \dfrac{2}{35}$ 또는 $\dfrac{2}{5} \div 7 = \dfrac{2}{35}$

채점기준

❶ 수 카드의 수의 크기를 비교하면	1점
❷ 계산 결과가 가장 작은 나눗셈식을 만들면	4점
❸ 계산 결과가 가장 작은 나눗셈식을 계산하면	3점
	8점

8

❶ $1\dfrac{2}{3} \div 7 = \dfrac{5}{3} \times \dfrac{1}{7} = \dfrac{5}{21}$

❷ $\dfrac{5}{21} > \dfrac{\square}{21}$이므로 $\square$는 5보다 작아야 합니다.

따라서 $\square$ 안에 들어갈 수 있는 자연수는 1, 2, 3, 4이므로 모두 4개입니다.

답 4개

채점기준

❶ $1\dfrac{2}{3} \div 7$을 계산하면	4점
❷ $\square$ 안에 들어갈 수 있는 자연수의 개수를 구하면	4점
	8점

2. 각기둥과 각뿔

*개념 확인하기, 대표 문장제 익히기 정답은
스피드 정답 5~6쪽에 있습니다.

9 DAY

46~47쪽

1
밑면의 모양이 <u>사각형</u>이므로
한 밑면의 변의 수는 <u>4</u>개입니다.
➔ (꼭짓점의 수)=(한 밑면의 변의 수)(+ , ⓧ)2
 = <u>4×2</u> = <u>8</u>(개)

답 8개

2
밑면이 <u>예 다각형이</u> 아닙니다.
옆면이 <u>예 모두 삼각형이</u> 아닙니다.

3
❶ 각뿔에서
(꼭짓점의 수)=(밑면의 변의 수)+1입니다.
(밑면의 변의 수)+1=4
➔ (밑면의 변의 수)=4−1=3(개)
❷ (면의 수)=(밑면의 변의 수)+1
 =3+1=4(개)
(모서리의 수)=(밑면의 변의 수)×2
 =3×2=6(개)
➔ (면의 수)+(모서리의 수)
 =4+6=10(개)

답 10개

4
❶ 각기둥에서 (한 밑면의 변의 수)+2=9이므로
(한 밑면의 변의 수)=9−2=7(개) ➔ 칠각기둥
각뿔에서 (밑면의 변의 수)+1=9이므로
(밑면의 변의 수)=9−1=8(개) ➔ 팔각뿔
❷ 칠각기둥 : (모서리의 수)=7×3=21(개)
 (꼭짓점의 수)=7×2=14(개)
팔각뿔 : (모서리의 수)=8×2=16(개)
 (꼭짓점의 수)=8+1=9(개)
따라서 설명하는 입체도형은 칠각기둥입니다.

답 칠각기둥

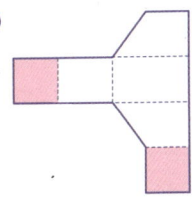

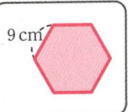

10 DAY

50~51쪽

1 각뿔에서 길이가 5 cm인 모서리가 ⎯6⎯ 개이므로
(모든 모서리의 길이의 합)
= ⎯5×6⎯ = ⎯30⎯ (cm)

답 30 cm

2 ❶ 길이가 7 cm인 모서리는 12개, 길이가 6 cm인
모서리는 6개입니다.
❷ (모든 모서리의 길이의 합)
=7×12+6×6
=84+36=120 (cm)

답 120 cm

3 ❶ 예

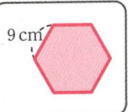

옆면이 이등변삼각형 6개로 이루어져 있으므로
육각뿔입니다.
육각뿔의 밑면은 한 변의 길이가 9 cm인 정육
각형입니다.
❷ 길이가 9 cm인 모서리는 6개, 길이가 10 cm인
모서리는 6개입니다.
➡ (모든 모서리의 길이의 합)
=9×6+10×6
=54+60=114 (cm)

답 114 cm

4 ❶ (모서리의 수)=(한 밑면의 변의 수)×3
=5×3=15(개)
❷ 오각기둥의 모서리의 길이가 모두 같으므로
(한 모서리의 길이)
=(모든 모서리의 길이의 합)÷(모서리의 수)
=120÷15=8 (cm)

답 8 cm

11 DAY

54~55쪽

1 ❶

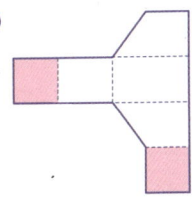

❷ 전개도를 접었을 때
예 색칠한 두 면이 서로 겹치므로
사각기둥을 만들 수 없습니다.

2 ❶ 밑면의 모양이 팔각형이므로 팔각기둥이 만들
어집니다.
❷ 팔각기둥에서 한 밑면의 변의 수는 8개이므로
(면의 수)=8+2=10(개)
(꼭짓점의 수)=8×2=16(개)
➡ (면의 수)+(꼭짓점의 수)
=10+16=26(개)

답 26개

3 ❶ 밑면의 모양이 육각형이므로 육각기둥이 만들어
집니다.
(모서리의 수)=6×3=18(개)
❷ 옆면은 모두 합동이고, 전개도를 접었을 때 서로
맞닿는 선분의 길이는 같으므로
길이가 4 cm인 모서리는 12개, 길이가 5 cm인
모서리는 6개입니다.
➡ (모든 모서리의 길이의 합)
=4×12+5×6
=48+30=78 (cm)

답 78 cm

4 ❶ 옆면은 모두 합동이고 한 밑면의 변의 수가 5개
이므로 정오각형입니다.
❷ (밑면의 한 변의 길이)×10+9×5=85
➡ (밑면의 한 변의 길이)×10=85-45=40,
(밑면의 한 변의 길이)=40÷10=4 (cm)

답 4 cm

1

❶ 밑면이 다각형이고 옆면이 모두 삼각형이므로 각뿔입니다.

❷ (밑면의 변의 수)+1=8
➡ (밑면의 변의 수)=8−1=7(개)이므로 밑면의 모양은 칠각형입니다.

❸ 따라서 밑면의 모양이 칠각형인 각뿔은 칠각뿔입니다.

답 칠각뿔

채점기준	
❶ 각뿔에 대한 설명임을 알면	1점
❷ 밑면의 모양을 구하면	3점
❸ 입체도형의 이름을 구하면	1점
	5점

2

❶ 길이가 10 cm인 모서리는 4개, 길이가 4 cm인 모서리는 4개, 길이가 7 cm인 모서리는 4개입니다.

❷ (모든 모서리의 길이의 합)
=10×4+4×4+7×4
=40+16+28=84 (cm)

답 84 cm

채점기준	
❶ 길이가 10 cm, 4 cm, 7 cm인 모서리의 수를 각각 구하면	각 1점
❷ 모든 모서리의 길이의 합을 구하면	2점
	5점

3

❶ 삼각형이 변의 수가 가장 적으므로 면의 수가 가장 적은 각뿔은 밑면의 모양이 삼각형인 삼각뿔입니다.

❷ 삼각뿔에서
(모서리의 수)=(밑면의 변의 수)×2
=3×2=6(개)입니다.

답 6개

채점기준	
❶ 면의 수가 가장 적은 각뿔의 이름을 구하면	4점
❷ ❶에서 구한 각뿔의 모서리의 수를 구하면	2점
	6점

4

❶ **예** 밑면의 모양이 같습니다.
옆면의 수가 같습니다.

❷ **예** 밑면이 **가**는 2개 있고, **나**는 1개 있습니다.
옆면의 모양이 **가**는 직사각형이고, **나**는 삼각형입니다.

채점기준	
❶ 두 입체도형의 같은 점을 한 가지 쓰면	3점
❷ 두 입체도형의 다른 점을 한 가지 쓰면	3점
	6점

5

❶ 밑면의 모양이 오각형이므로 오각기둥이 만들어집니다.

❷ 오각기둥에서 한 밑면의 변의 수는 5개이므로
(모서리의 수)=5×3=15(개)
(면의 수)=5+2=7(개)
(꼭짓점의 수)=5×2=10(개)

❸ (모서리의 수)+(면의 수)+(꼭짓점의 수)
=15+7+10=32(개)

답 32개

채점기준	
❶ 전개도를 접을 때 만들어지는 각기둥을 구하면	1점
❷ ❶에서 구한 각기둥의 모서리, 면, 꼭짓점의 수를 각각 구하면	각 1점
❸ 모서리, 면, 꼭짓점은 모두 몇 개인지 구하면	2점
	6점

6

❶ (사각뿔의 모서리의 수)=4×2=8(개)

❷ 사각뿔의 모서리의 길이가 모두 같으므로
(한 모서리의 길이)
=(모든 모서리의 길이의 합)÷(모서리의 수)
=88÷8=11 (cm)

답 11 cm

채점기준	
❶ 사각뿔의 모서리의 수를 구하면	2점
❷ 사각뿔의 한 모서리의 길이를 구하면	4점
	6점

7

❶ 전개도를 접었을 때 서로 맞닿는 선분의 길이는 같으므로
(각기둥의 높이)
=25−9
=16 (cm)

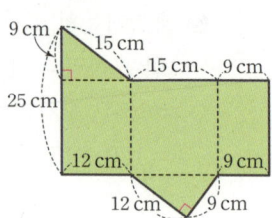

❷ 길이가 9 cm, 12 cm, 15 cm인 모서리는 각각
2개씩이고, 길이가 16 cm인 모서리는 3개입
니다.

→ (모든 모서리의 길이의 합)

$$=9×2+12×2+15×2+16×3$$
$$=18+24+30+48=120 \text{ (cm)}$$

다른 풀이 (한 밑면의 둘레)$=9+12+15=36 \text{ (cm)}$
→ (모든 모서리의 길이의 합)
$$=(\text{한 밑면의 둘레})×2+(\text{높이})×3$$
$$=36×2+16×3$$
$$=72+48=120 \text{ (cm)}$$

답 120 cm

채점기준
❶ 각기둥의 높이를 구하면	3점
❷ 모든 모서리의 길이의 합을 구하면	4점
	7점

8 ❶ 밑면의 모양이 육각형인 각뿔은 육각뿔입니다.
(육각뿔의 모서리의 수)$=6×2=12$(개)이므로
각기둥의 모서리의 수도 12개입니다.
❷ (한 밑면의 변의 수)$×3=12$
→ (한 밑면의 변의 수)$=12÷3=4$(개)이므로
밑면의 모양이 사각형인 사각기둥입니다.
❸ (사각기둥의 면의 수)$=4+2=6$(개)

답 6개

채점기준
❶ 각기둥의 모서리의 수를 구하면	3점
❷ 각기둥의 이름을 구하면	3점
❸ 각기둥의 면의 수를 구하면	2점
	8점

3. 소수의 나눗셈

*개념 확인하기, 대표 문장제 익히기 정답은
스피드 정답 7~8쪽에 있습니다.

14 DAY
66~67쪽

1 (천 원으로 살 수 있는 리본의 길이)
$=$(5천 원으로 살 수 있는 리본의 길이)$(× , ÷)$ 5
$= \underline{7÷5}$
$= \underline{1.4}$ (m)

답 1.4 m

2 (통 한 개에 담을 수 있는 소금의 양)
$=$(전체 소금의 양)$÷$(나누어 담을 통의 수)
$=21.35÷7$
$=3.05$ (kg)

답 3.05 kg

3 (평행사변형의 넓이)$=$(밑변의 길이)$×$(높이)
→ (높이)$=$(평행사변형의 넓이)$÷$(밑변의 길이)
$=48.6÷9$
$=5.4$ (cm)

답 5.4 cm

4 ❶ ㉮ 수도꼭지 :
(1분 동안 나오는 물의 양)
$=$(8분 동안 나오는 물의 양)$÷8$
$=30.72÷8=3.84$ (L)
㉯ 수도꼭지 :
(1분 동안 나오는 물의 양)
$=$(12분 동안 나오는 물의 양)$÷12$
$=47.04÷12=3.92$ (L)
❷ 1분 동안 나오는 물의 양이 더 많은 수도꼭지가
욕조를 더 먼저 채웁니다.
$3.84<3.92$이므로 욕조를 더 먼저 채우는 수도
꼭지는 ㉯ 수도꼭지입니다.

답 ㉯ 수도꼭지

15 DAY

70~71쪽

1 ❶ (자른 리본 한 도막의 길이)

= (리본 전체 길이)(× , ÷)(도막 수)

= <u>5.1÷2</u> = <u>2.55</u> (m)

❷ (나비 모양 한 개를 만들 수 있는 리본의 길이)

= (자른 리본 한 도막의 길이)(× , ÷)

(나비 모양 수)

= <u>2.55÷5</u> = <u>0.51</u> (m)

답 0.51 m

2 ❶ (직사각형의 넓이) = (가로) × (세로)

= 9 × 2.7 = 24.3 (cm²)

❷ (보라색으로 색칠된 부분의 넓이)

= (직사각형의 넓이) ÷ 6

= 24.3 ÷ 6 = 4.05 (cm²)

답 4.05 cm²

3 ❶ (자전거를 탄 거리)

= (할머니 댁까지의 거리) − (걸은 거리)

= 9.03 − 0.03 = 9 (km)

❷ (1분 동안 간 거리)

= (자전거를 탄 거리) ÷ (자전거를 탄 시간)

= 9 ÷ 20 = 0.45 (km)

답 0.45 km

4 ❶ (몸무게의 합) = 42.6 + 38.8 + 55.4

= 136.8 (kg)

❷ (몸무게의 평균) = (몸무게의 합) ÷ (사람 수)

= 136.8 ÷ 3 = 45.6 (kg)

답 45.6 kg

16 DAY

74~75쪽

1 정오각형은 변이 <u>5</u>개입니다.

(한 변의 길이) = (둘레)(× , ÷)(변의 수)

= <u>6.3÷5</u>

= <u>1.26</u> (m)

답 1.26 m

2 ❶ 삼각뿔에서

(모서리의 수) = 3 × 2 = 6(개)

❷ (한 모서리의 길이)

= (모든 모서리의 길이의 합) ÷ (모서리의 수)

= 30.24 ÷ 6 = 5.04 (cm)

답 5.04 cm

3 ❶ (쓰레기통 사이의 간격 수) = (쓰레기통의 수)

= 20군데

❷ (쓰레기통 사이의 간격)

= (둘레) ÷ (쓰레기통 사이의 간격 수)

= 7.2 ÷ 20 = 0.36 (km)

답 0.36 km

4 ❶ (국기 사이의 간격의 합)

= (줄의 길이) − (국기 10개의 길이의 합)

= 285.5 − 20 × 10 = 285.5 − 200

= 85.5 (cm)

❷ 국기 사이의 간격은 9군데이므로

(국기 사이의 간격)

= (국기 사이의 간격의 합)

÷ (국기 사이의 간격 수)

= 85.5 ÷ 9 = 9.5 (cm)

답 9.5 cm

17 DAY

78~79쪽

1 수 카드의 수를 작은 수부터 차례로 쓰면

<u>3</u> < <u>4</u> < <u>6</u> 이므로

몫이 가장 작은 나눗셈식은

가장 작은 수인 <u>3</u> 을 나누어지는 수로,

가장 큰 수인 <u>6</u> 을 나누는 수로 하여 만듭니다.

➡ <u>3</u> ÷ <u>6</u> = <u>0.5</u>

답 3÷6=0.5

2 ❶ 가장 큰 두 자리 수 : ⬚8⬚ ⬚7⬚

가장 작은 두 자리 수 : ⬚2⬚ ⬚5⬚

❷ (가장 큰 두 자리 수) ÷ (가장 작은 두 자리 수)

= 87 ÷ 25 = 3.48

답 3.48

3 ❶ 2 3 . 4

❷ $23.4 \div 9 = 2.6$

답 2.6

4 ❶ 나누어지는 수가 클수록, 나누는 수가 작을수록 나눗셈의 몫은 커지므로
나누어지는 수는 7.64, 나누는 수는 2로 하여 나눗셈식 $7.64 \div 2$를 만듭니다.

❷ $7.64 \div 2 = 3.82$

답 $7.64 \div 2 = 3.82$

18 DAY
80~82쪽

1 ❶ (키가 큰 나무의 높이) ÷ (키가 작은 나무의 높이)
$= 3.3 \div 2$

❷ $= 1.65$(배)

답 1.65배

채점기준	
❶ 식을 세우면	2점
❷ 키가 큰 나무의 높이는 키가 작은 나무의 높이의 몇 배인지 구하면	3점
	5점

2 ❶ (열차가 1시간 동안 달린 거리)
$=$ (달린 거리) ÷ (걸린 시간)
$= 390.5 \div 5$

❷ $= 78.1$ (km)

답 78.1 km

채점기준	
❶ 식을 세우면	2점
❷ 열차가 1시간 동안 달린 거리를 구하면	3점
	5점

3 ❶ (양초가 1분 동안 탄 길이)
$=$ (양초가 9분 동안 탄 길이) ÷ 9
$= 2.43 \div 9 = 0.27$ (cm)

❷ (양초가 4분 동안 탄 길이)
$=$ (양초가 1분 동안 탄 길이) × 4
$= 0.27 \times 4 = 1.08$ (cm)

답 1.08 cm

채점기준	
❶ 양초가 1분 동안 탄 길이를 구하면	3점
❷ 양초가 4분 동안 탄 길이를 구하면	3점
	6점

4 ❶ 삼각뿔에서
(모서리의 수) $= 3 \times 2 = 6$(개)

❷ (한 모서리의 길이)
$=$ (모든 모서리의 길이의 합) ÷ (모서리의 수)
$= 45 \div 6 = 7.5$ (cm)

답 7.5 cm

채점기준	
❶ 삼각뿔의 모서리의 수를 구하면	2점
❷ 한 모서리의 길이를 구하면	4점
	6점

5 ❶ (공책 한 묶음의 무게)
$=$ (공책 3묶음의 무게) ÷ 3
$= 1.05 \div 3 = 0.35$ (kg)

❷ (공책 한 권의 무게)
$=$ (공책 한 묶음의 무게) ÷ (한 묶음의 공책 수)
$= 0.35 \div 5 = 0.07$ (kg)

답 0.07 kg

채점기준	
❶ 공책 한 묶음의 무게를 구하면	3점
❷ 공책 한 권의 무게를 구하면	3점
	6점

6 ❶ (컵 한 개에 담긴 음료수의 양)
$=$ (전체 음료수의 양) ÷ (컵의 수)
$= 3.36 \div 8 = 0.42$ (L)

❷ 1000 mL $=$ 1 L이므로 100 mL $=$ 0.1 L입니다.

❸ (장훈이가 마시고 남은 음료수의 양)
$=$ (컵 한 개에 담긴 음료수의 양)
    $-$ (장훈이가 마신 음료수의 양)
$= 0.42 - 0.1 = 0.32$ (L)

답 0.32 L

채점기준	
❶ 컵 한 개에 담긴 음료수의 양을 구하면	3점
❷ 100 mL는 몇 L인지 구하면	1점
❸ 장훈이가 마시고 남은 음료수의 양을 구하면	3점
	7점

7
❶ 수 카드의 수를 작은 수부터 차례로 쓰면
2<3<7<8이므로
❷ 몫이 가장 작은 나눗셈식은
가장 작은 수인 2를 나누어지는 수로,
가장 큰 수인 8을 나누는 수로 하여
2÷8로 만듭니다.
❸ 나눗셈을 계산하면 2÷8=0.25입니다.

답 $2÷8=0.25$

8
❶ 어떤 수를 □라고 하면 잘못 계산한 식에서
□×4=5.76
❷ 어떤 수를 구하면
□×4=5.76 ➡ □=5.76÷4=1.44
❸ 바르게 계산하면
1.44÷4=0.36

답 0.36

4. 비와 비율

*개념 확인하기, 대표 문장제 익히기 정답은
스피드 정답 9~10쪽에 있습니다.

20 DAY

90~91쪽

1
❶ (장난감 가게)~(학교)
=(혜주네 집)~(학교)(+ , ⊖)
(혜주네 집)~(장난감 가게)
= __300−170__ = __130__ (m)
❷ (혜주네 집)~(장난감 가게) : (장난감 가게)~(학교)
= __170__ : __130__

답 $170 : 130$

2
❶ (오늘 판 단팥빵 수)
=(어제 판 단팥빵 수)+(오늘 더 판 단팥빵 수)
=150+25=175(개)
❷ 어제 판 단팥빵 수의 오늘 판 단팥빵 수에 대한
비에서 기준량은 오늘 판 단팥빵 수이므로
(어제 판 단팥빵 수) : (오늘 판 단팥빵 수)
=150 : 175

답 $150 : 175$

3
❶ (보라색 주머니에 넣은 구슬 수)
=(전체 구슬 수)−(파란색 주머니에 넣은 구슬 수)
=60−21=39(개)
❷ 전체 구슬 수에 대한 보라색 주머니에 넣은 구
슬 수의 비에서 기준량은 전체 구슬 수이므로
(보라색 주머니에 넣은 구슬 수) : (전체 구슬 수)
=39 : 60

답 $39 : 60$

4
❶ (직사각형의 둘레)=((가로)+(세로))×2
=(6+5)×2=22 (cm)
❷ 세로와 둘레의 비에서 기준량은 둘레이므로
(세로) : (둘레)=5 : 22

답 $5 : 22$

21 DAY

94~95쪽

1 설탕 양에 대한 딸기 양의 비는
$\underline{580}$: $\underline{400}$ 입니다.
따라서 비율을 소수로 나타내면

$$\frac{\boxed{580}}{\boxed{400}} = \frac{\boxed{145}}{100} = \underline{1.45} \ \text{입니다.}$$

답 1.45

2 ❶ 한울 마을의 넓이에 대한 인구의 비는
15000 : 6이므로 비율은 $\frac{15000}{6} = 2500$입니다.
샛별 마을의 넓이에 대한 인구의 비는 16800 : 7
이므로 비율은 $\frac{16800}{7} = 2400$입니다.

❷ 2500 > 2400이므로 두 마을 중 인구가 더 밀집
한 곳은 한울 마을입니다.

답 한울 마을

3 ❶ 주혜네 모둠의 방의 정원에 대한 방을 사용한
사람 수의 비는 7 : 10이므로
비율은 $\frac{7}{10} = 0.7$입니다.
민규네 모둠의 방의 정원에 대한 방을 사용한
사람 수의 비는 9 : 12이므로
비율은 $\frac{9}{12} = \frac{3}{4} = \frac{75}{100} = 0.75$입니다.

❷ 0.7 < 0.75이므로 주혜네 모둠이 방의 정원에
대한 방을 사용한 사람 수의 비율이 더 낮습니다.
따라서 주혜네 모둠이 방을 더 넓다고 느꼈을
것입니다.

답 주혜네 모둠

4 ❶ 1 m = 100 cm이므로 600 m = 60000 cm
❷ 도서관에서부터 주민센터까지 실제 거리에 대
한 지도에서 거리의 비는 3 : 60000이므로
비율을 분수로 나타내면 $\frac{3}{60000} \left(= \frac{1}{20000} \right)$입
니다.

답 $\frac{3}{60000} \left(= \frac{1}{20000} \right)$

22 DAY

98~99쪽

1 투표에 참여한 학생 수에 대한 진호가 얻은 득표수
의 비율은 $\frac{\boxed{456}}{\boxed{800}}$ 입니다.
따라서 진호의 득표율은

$$\frac{\boxed{456}}{\boxed{800}} \times 100 = \underline{57} \ (\%) \text{입니다.}$$

답 57 %

2 ❶ [신우] 레몬주스 양에 대한 레몬 농축액 양의
비율은 $\frac{95}{500}$이므로 백분율로 나타내면
$\frac{95}{500} \times 100 = 19$ (%)입니다.

[하은] 레몬주스 양에 대한 레몬 농축액 양의
비율은 $\frac{90}{450}$이므로 백분율로 나타내면
$\frac{90}{450} \times 100 = 20$ (%)입니다.

❷ 19 < 20이므로 하은이가 만든 레몬주스가 더
진합니다.

답 하은

3 ❶ (할인 금액) = 30000 − 23400 = 6600(원)
➡ 원래 가격에 대한 할인 금액의 비율은
$\frac{6600}{30000}$이므로
(할인율) = $\frac{6600}{30000} \times 100 = 22$ (%)입니다.

❷ 25 > 22이므로 ㉮ 상점에서 가방을 더 싸게 살
수 있습니다.

답 ㉮ 상점

4 ❶ (판매 가격) − (사 온 가격)
= 920 − 800 = 120(원)
❷ 도매상에서 사 온 가격에 대한 문구점에서 더
비싸게 판 가격의 비율은 $\frac{120}{800}$이므로
백분율로 나타내면 $\frac{120}{800} \times 100 = 15$ (%)입니다.

답 15 %

1
❶ (남학생 수)=24−11=13(명)
❷ 따라서 전체 학생 수에 대한 남학생 수의 비는
13 : 24입니다.

답 **13 : 24**

채점기준
❶ 남학생 수를 구하면	2점
❷ 전체 학생 수에 대한 남학생 수의 비를 쓰면	3점
	5점

2
❶ 다은이의 키에 대한 그림자 길이의 비는
124 : 155이므로 기준량은 155, 비교하는 양은
124입니다.
❷ 다은이의 키에 대한 그림자 길이의 비율을 분수
로 나타내면 $\frac{124}{155}=\frac{4}{5}$입니다.

답 **$\frac{4}{5}$**

채점기준
❶ 다은이의 키에 대한 그림자 길이의 비를 구하여 기준량과 비교하는 양을 찾으면	2점
❷ 다은이의 키에 대한 그림자 길이의 비율을 기약분수로 나타내면	3점
	5점

3
❶ 공을 던진 횟수에 대한 넣은 횟수의 비는
238 : 350이므로 비율은 $\frac{238}{350}$ 입니다.
❷ 따라서 선균이의 성공률은
$\frac{238}{350}×100=68$ (%)입니다.

답 **68 %**

채점기준
❶ 공을 던진 횟수에 대한 공을 넣은 횟수의 비율을 구하면	3점
❷ 성공률을 구하면	3점
	6점

4
❶ 작년 합격률 : $\frac{1800}{3000}$ ➡ $\frac{1800}{3000}×100=60$ (%)

올해 합격률 : $\frac{2200}{4000}$ ➡ $\frac{2200}{4000}×100=55$ (%)
❷ 60>55이므로 작년 합격률이 더 좋습니다.

답 **작년**

채점기준
❶ 작년과 올해의 합격률을 각각 구하면	각 2점
❷ 작년과 올해 합격률을 비교하면	2점
	6점

5
❶ 1 m=100 cm이므로 500 m=50000 cm입니다.
❷ 실제 거리에 대한 전자 지도에서 거리의 비는
1 : 50000입니다.

답 **1 : 50000**

채점기준
❶ 실제 거리 500 m를 cm 단위로 나타내면	3점
❷ 실제 거리에 대한 전자 지도에서 거리의 비를 쓰면	3점
	6점

6
❶ 지난달과 이번 달 양말 1켤레의 판매 가격을 각각 구하면
[지난달] 6000÷5=1200(원)
[이번 달] 3780÷3=1260(원)
❷ 이번 달은 지난달보다 양말 1켤레의 판매 가격이 1260−1200=60(원) 더 올랐습니다.
❸ 따라서 인상률은 $\frac{60}{1200}×100=5$ (%)입니다.

답 **5 %, 인상**

채점기준
❶ 지난달과 이번 달 양말 1켤레의 판매 가격을 각각 구하면	각 1점
❷ 지난달과 이번 달 양말 1켤레의 판매 가격의 차를 구하면	2점
❸ 인상률 또는 인하율을 구하면	3점
	7점

7
❶ 네 사람의 비율을 1(100 %)과 각각 크기 비교하면
[유정] 130 %>100 %, [다율] $\frac{8}{10}<1$,
[빛나] 0.95<1, [지호] $\frac{10}{3}>1$
❷ 따라서 기준량이 비교하는 양보다 작은 비율 카드를 들고 있는 사람은 비율이 1(100 %)보다 큰 유정, 지호입니다.

답 **유정, 지호**

채점기준
❶ 네 사람이 들고 있는 비율과 1(100 %)의 크기를 각각 비교하면	각 1점
❷ 기준량이 비교하는 양보다 작은 비율 카드를 들고 있는 사람을 모두 찾아 쓰면	3점
	7점

참고 • 기준량이 비교하는 양보다 작으면
비율(백분율)은 1(100 %)보다 높습니다.
• 기준량이 비교하는 양보다 크면
비율(백분율)은 1(100 %)보다 낮습니다.

8 ❶ 2시간=120분, 1시간 20분=80분
→ 범준이의 전체 취미 활동 시간에 대한 피아노 연습 시간의 비는 80 : 120이므로
비율은 $\dfrac{80}{120}\left(=\dfrac{4}{6}\right)$입니다.

3시간=180분, 2시간 30분=150분
→ 소영이의 전체 취미 활동 시간에 대한 피아노 연습 시간의 비는 150 : 180이므로
비율은 $\dfrac{150}{180}\left(=\dfrac{5}{6}\right)$입니다.

❷ $\dfrac{4}{6}<\dfrac{5}{6}$이므로 소영이가 더 높습니다.

답 소영

채점기준

❶ 범준이와 소영이의 전체 취미 활동 시간에 대한 피아노 연습 시간의 비율을 각각 구하면 …………… 각 3점
❷ 비율이 더 높은 사람을 구하면 ………………… 2점

8점

5. 직육면체의 부피와 겉넓이

＊개념 확인하기, 대표 문장제 익히기 정답은
스피드 정답 10~11쪽에 있습니다.

25 DAY
110~111쪽

1 600 cm= 6 m, 400 cm= 4 m,
800 cm= 8 m이므로
(상자의 부피)= 6×4×8
= 192 (m³)

답 192 m³

2 ❶ 정육면체의 모서리는 12개이므로
(한 모서리의 길이)=60÷12=5 (cm)
❷ (정육면체의 부피)
=(한 모서리의 길이)×(한 모서리의 길이)
×(한 모서리의 길이)
=5×5×5=125 (cm³)

답 125 cm³

3 ❶ 돌의 부피는 늘어난 물 의 부피와 같습니다.
❷ (돌의 부피)
=(늘어난 물의 부피)
=(가로)×(세로)×(늘어난 물의 높이)
=20×40×3=2400 (cm³)

답 2400 cm³

4 ❶
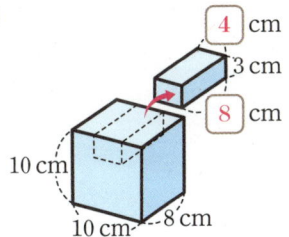

❷ (입체도형의 부피)
=(처음 직육면체의 부피)
−(잘라낸 직육면체의 부피)
=10×8×10−4×8×3
=800−96=704 (cm³)

답 704 cm³

1 (포장지의 넓이)

= (직육면체의 겉넓이)

= (여섯 면의 넓이의 합)

= <u>예 $96+40+60+96+40+60$</u>

= <u>392</u> (cm²)

답 392 cm²

2 ❶ 정육면체의 모서리의 길이는 모두 같으므로

(한 모서리의 길이) = $18 \div 3 = 6$ (cm)

❷ (정육면체의 겉넓이)

= (한 모서리의 길이) × (한 모서리의 길이) × 6

= $6 \times 6 \times 6 = 216$ (cm²)

답 216 cm²

3 ❶ 정육면체의 면의 모양은 정사각형이므로

(한 모서리의 길이) = $28 \div 4 = 7$ (cm)

❷ (정육면체의 겉넓이)

= (한 모서리의 길이) × (한 모서리의 길이) × 6

= $7 \times 7 \times 6 = 294$ (cm²)

답 294 cm²

4 ❶ (늘어난 면의 넓이의 합)

= $(9 \times 4) \times 2 = 72$ (cm²)

❷ (자르기 전 버터의 겉넓이)

+ (자르기 전보다 늘어난 면의 넓이의 합)

= $(14 \times 9 + 9 \times 4 + 14 \times 4) \times 2 + 72$

= $436 + 72 = 508$ (cm²)

답 508 cm²

1 ❶ (직육면체의 겉넓이)

= <u>예 $(9 \times 12 + 12 \times 4 + 9 \times 4) \times 2$</u>

= <u>384</u> (cm²)

❷ 정육면체의 겉넓이는 직육면체의 겉넓이와 같으므로

□×□× <u>6</u> = <u>384</u>,

□×□ = <u>64</u>,

□ = <u>8</u>

답 8 cm

2 ❶ (직육면체의 부피) = (정육면체의 부피)

= $6 \times 6 \times 6 = 216$ (cm³)

❷ (직육면체의 부피)

= (가로) × (세로) × (높이)이므로

(가로) × 2 × 6 = 216

➡ (가로) = $216 \div 12 = 18$ (cm)

답 18 cm

3 ❶ (직육면체의 부피)

= (가로) × (세로) × (높이)이므로

$3 \times 7 \times$ (높이) = 105

➡ (높이) = $105 \div 21 = 5$ (cm)

❷ (직육면체의 겉넓이)

= (두 밑면의 넓이의 합) + (옆면의 넓이)

= $(3 \times 7) \times 2 + (3 + 7 + 3 + 7) \times 5$

= $42 + 100 = 142$ (cm²)

답 142 cm²

4 ❶ □×□× 6 = 96, □×□ = 16, □ = 4

❷ (정육면체의 부피) = $4 \times 4 \times 4 = 64$ (cm³)

답 64 cm³

1 답 ❶ 가

설명 ❷ 예 두 직육면체 가와 나는 가로와 세로가

7 cm, 5 cm로 같습니다.

따라서 높이가 더 높은 가의 부피가 더 큽니다.

채점기준

❶ 두 직육면체 중에서 부피가 더 큰 것의 기호를 쓴 경우	2점
❷ 부피를 비교한 방법을 설명한 경우	3점
	5점

2 ❶ (직육면체의 부피)＝(가로)×(세로)×(높이)

$$=2×6×5$$

❷ $=60 \ (\text{m}^3)$

답 60 m³

채점기준	
❶ 직육면체의 부피를 구하는 식을 세우면	3점
❷ 직육면체의 부피를 구하면	2점
	5점

3 ❶ (정육면체의 겉넓이)＝(한 면의 넓이)×6

$$=64×6$$

❷ $=384 \ (\text{cm}^2)$

답 384 cm²

채점기준	
❶ 정육면체의 겉넓이를 구하는 식을 세우면	3점
❷ 정육면체의 겉넓이를 구하면	2점
	5점

4 ❶ (직육면체의 겉넓이)

＝(두 밑면의 넓이의 합)＋(옆면의 넓이)

$$=(10×3)×2+(10+3+10+3)×8$$

$$=60+208$$

❷ $=268 \ (\text{cm}^2)$

답 268 cm²

채점기준	
❶ 직육면체의 겉넓이를 구하는 식을 세우면	3점
❷ 직육면체의 겉넓이를 구하면	3점
	6점

다른 풀이 (직육면체의 겉넓이)

＝(한 꼭짓점에서 만나는 세 면의 넓이의 합)×2

$$=(30+80+24)×2=268 \ (\text{cm}^2)$$

5 ❶

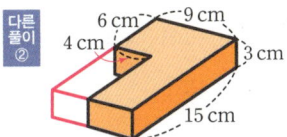

(입체도형의 부피)

＝(직육면체 ㉠의 부피)＋(직육면체 ㉡의 부피)

$$=6×4×3+15×(9-6)×3$$

$$=72+225$$

❷ $=297 \ (\text{cm}^3)$

답 297 cm³

채점기준	
❶ 입체도형의 부피를 구하는 식을 세우면	4점
❷ 입체도형의 부피를 구하면	2점
	6점

다른 풀이 ①

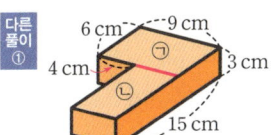

(입체도형의 부피)

＝(직육면체 ㉠의 부피)＋(직육면체 ㉡의 부피)

$$=6×9×3+(15-6)×(9-4)×3$$

$$=162+135$$

$$=297 \ (\text{cm}^3)$$

다른 풀이 ②

(입체도형의 부피)

＝(큰 직육면체의 부피)－(작은 직육면체의 부피)

$$=15×9×3-(15-6)×4×3$$

$$=405-108$$

$$=297 \ (\text{cm}^3)$$

6 ❶ (정육면체의 부피)

$$=20×20×20$$

$$=8000 \ (\text{cm}^3)$$

❷ (정육면체의 겉넓이)

$$=20×20×6$$

$$=2400 \ (\text{cm}^2)$$

답 8000, 2400

채점기준	
❶ 정육면체의 부피를 구하면	3점
❷ 정육면체의 겉넓이를 구하면	3점
	6점

7 ❶ 정육면체의 한 모서리의 길이는 직육면체의 가장 짧은 모서리의 길이인 10 cm로 해야 합니다.

❷ (가장 큰 정육면체 모양의 부피)

$$=10×10×10$$

$$=1000 \ (\text{cm}^3)$$

답 1000 cm³

채점기준	
❶ 가장 큰 정육면체 모양의 한 모서리의 길이를 구하면	4점
❷ 가장 큰 정육면체 모양의 부피를 구하면	3점
	7점

8

❶ 직육면체의 높이를 $\square$ cm라 하고

직육면체의 겉넓이를 구하는 식을 이용하여

$\square$를 구하면

$(9 \times 5) \times 2 + (9 + 5 + 9 + 5) \times \square = 258$

➜ $90 + 28 \times \square = 258$, $28 \times \square = 168$, $\square = 6$

❷ (직육면체의 부피)$= 9 \times 5 \times 6$

$= 270 \ (\text{cm}^3)$

답 270 cm³

채점기준

❶ 직육면체의 높이를 구하면	○	4점
❷ 직육면체의 부피를 구하면	○	4점
		8점

주의 직육면체의 높이를 먼저 구하고, 부피를 구하여 답해야 합니다.

수고하셨습니다.
12권으로
올라갈까요?

기적의
수학
문장제

길벗스쿨

오늘도 한 뼘
자랐습니다